세상에서
가장
아름다운
수학공식

세상에서 가장 아름다운 수학공식

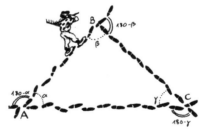

리오넬 살렘 · 프레데리크 테스타르 지음

코랄리 살렘 그림 | 장석봉 옮김

궁리
KungRee

이 책은 수학 공식의 아름다움을 알리고자 쓰였다. 수학 공식의 아름다움은 수학 기호의 유연성, 수학적 명제들의 단순성, 그리고 그것이 함축하는 미학적 매력에서 나온다. 다른 모든 과학 분야들과 마찬가지로 수학에도 역시 그 자신만의 특별한 조화가 있다. 그리고 그러한 조화를 탐험하는 것이 우리가 이 책을 쓴 의도이다.

우리는 이러한 아름다움을 되도록 쉬운 수학 용어로 설명하고자 했다. 이 책에 실린 모든 공식들에 대해 그 기원과 타당성을 설명했다. 피타고라스의 정리, 원의 면적과 같이 보편성을 지니는 수학 개념들은 물론 페르마의 마지막 정리, 골드바흐의 추측처럼 역사적으로 중요한 개념들도 다루었다. 로그와 삼각함수의 공식처럼 학생들이 학교에서 익숙하게 사용하는 공식들도 소개했다.

수학의 아름다움을 더 깊이 설명하고, 수학 공식에 내재한 심오한 의미를 발견하고 그것들을 기호화하는 데서 오는 즐거움을 더욱 크게 하기 위해 우리는 많은 그림들을 덧붙였다. 우리는 수학적 활동에 놀이에서 얻을 수 있는 즐거움이 함께한다고 확신하고 있다. 그러나 이 책에 실린 글과 그림이 수학적 사실을 왜곡하는 일은 없도록 노력했다.

독자들에게 더 많은 즐거움을 주고자 우리는 실제 혹은 가상의 인물들을 등장시켜 이야기를 끌어가도록 했다. 달랑베르, 피보나치, 오일러, 가우스 등의 수학자들에 관해 책의 뒷부분에 간단한 설명을 덧붙였다.

이 책의 순서가 쉬운 내용에서 어려운 내용으로 구성되어 있지는 않지만 각각의 장들은 그 주제를 자연스럽게 따라갈 수 있도록 했다. 이러한 배열 순서에 저자들의 생각이 반영되어 있기는 하지만, 이것이 유일한 선택이라고 믿지 않는다. 로그나 지수함수를 다루고 있는 이 책의 중간 부분은 뒷부분에 실린 입체 도형이나 수에 관한 장들에 비해 쉽지가 않다. 그러나 각각의 장들은 다른 장들과 비교적 독립적인 내용을 담고 있기 때문에 독자들은 책의 이곳저곳을 순서에 관계없이 읽어도 될 것이다. 우리는 수학 용어나 증명이 개념에 대한 기본적인 이해보다 더 중요하다고 믿지 않는다. 사실 아주 엄격하고 정확한 설명을 하자면, 더 딱딱하고 어려운 설명을 더 길게 늘어놓아야 하지만 그렇다고 설명이

언제나 더 명확해지는 것은 아니다.

마지막으로 독자 여러분들이 이 책에 실린 수학의 세계를 한가로이 산책하면서 수학의 아름다움을 경험하고, 또 그것을 계기로 더 새로운 영역의 탐험을 계속하기를 희망한다.

리오넬 살렘

프레데리크 테스타르

코랄리 살렘

차례

각

이차방정식

로그와 지수함수

수열

입체 도형

정수와 소수

확률

이진법, 무한

제곱수

1

거듭제곱

a에다 a를 곱한 것을 우리는 a의 제곱이라고 읽고 a^2이라고 쓴다.

$$a^2 = a \times a$$

a가 3이면 $a^2 = 3 \times 3 = 9$가 된다. 한 변의 길이가 a인 정사각형의 면적을 우리는 a^2을 써서 계산한다. 예를 들어 한 변의 길이가 3인 정사각형은 한 변의 길이가 1인 정사각형 9개($3 \times 3 = 9$)로 나눌 수 있고, 따라서 다음 그림에서 볼 수 있는 네모난 그릇에는 케이크 9개를 담을 수 있다.

한편 a를 세 번 곱한 값을 우리는 a의 세제곱이라고 하고 a^3이라고 쓴다.

$$a^3 = a \times a \times a$$

예를 들어 $3^3 = 3 \times 3 \times 3 = 27$이 된다. 세제곱은 한 변의 길이가

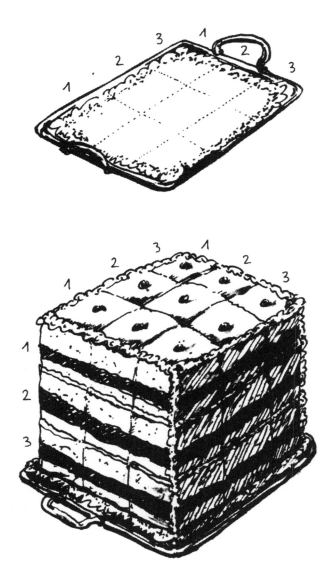

a인 정육면체의 부피를 구하는 데 쓰인다. 맞은편 그림 아래에 보이는 아주 먹음직스러운 케이크의 조각은 27개이다.

a의 네제곱, a의 다섯제곱은 각각 다음과 같다.

$$a^4 = a \times a \times a \times a$$
$$(3^4 = 3 \times 3 \times 3 \times 3 = 81)$$

$$a^5 = a \times a \times a \times a \times a$$
$$(3^5 = 3 \times 3 \times 3 \times 3 \times 3 = 243)$$

그러나 세제곱 이상의 경우 기하학적인 의미는 더이상 없다.

마지막으로 우리는 음의 제곱도 정의할 수 있다. a^{-1}은 a의 역수인 $\frac{1}{a}$로 정의된다. 예를 들어 $2^{-1} = \frac{1}{2} = 0.5$이고, $2^{-2} = \frac{1}{2^2} = \frac{1}{4} = 0.25$이며, $2^{-3} = \frac{1}{2^3} = \frac{1}{8} = 0.125$가 된다.

2

$$2^n \times 2^m = 2^{n+m}$$

우리는 앞에서 거듭제곱에 대해 알아보았다. a를 제곱하면 $a^2 = a \times a$가 되고 a를 세제곱하면 $a^3 = a \times a \times a$가 된다.

예를 들면 2의 다섯제곱은 2를 다섯 번 곱하면 된다.

$$2^5 = 2 \times 2 \times 2 \times 2 \times 2$$

그런데 여기서 우리는 다섯 개의 2를 각각 두 개와 세 개로 나누어 다음과 같이 계산할 수도 있다.

$$2^5 = (2 \times 2 \times 2) \times (2 \times 2)$$
$$2^5 = 2^3 \times 2^2$$

조상의 수는 세대를 올라갈수록 두 배가 된다. 예를 들면 우리의 위 1세대는 아버지와 어머니 이렇게 두 분이고, 그 윗세대는 친할아버지, 친할머니, 외할아버지, 외할머니 이렇게 네 분이 된

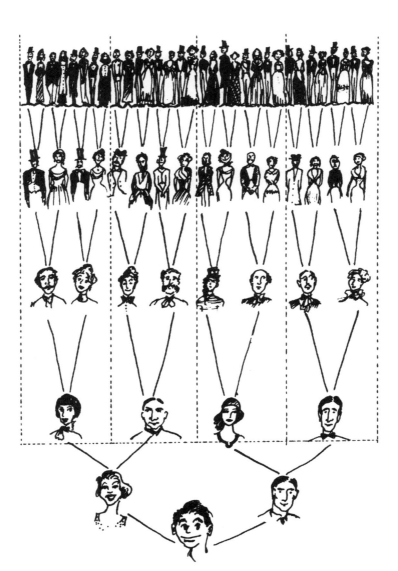

다. 따라서 5대 조상의 수는 2^5이 되고, 그것은 다음과 같이 계산할 수 있다.

$$2^5 = 2^3 \times 2^2$$
$$= 8 \times 4$$
$$= 32$$

따라서 록 음악을 좋아하는 그림 속 소년의 5대 조상의 수는 모두 32분이 된다. 아마도 그분들이 자신들의 5대째 자손이 록 음악을 듣는 것을 보시면 귀를 막고 고개를 절레절레 흔드실지도 모르겠다. 그분들이 즐겼을 음악은 조용하고 우아한 왈츠였을 테니까.

삼각형,
사각형,
원

직사각형의 넓이

어느 날 온 세상의 식물학자들을 깜짝 놀라게 한 일이 벌어졌다. 남아메리카의 최남단에서 이상한 네잎 클로버가 발견된 것이다. 그 클로버는 키가 엄청나게 컸는데, 아마도 돌연변이를 일으킨 것 같았다. 학자들은 그 클로버에 클로바쿠스 키다리쿠스라는 학명을 붙여주었다. 그런데 이 클로바쿠스 키다리쿠스는 가로, 세로 1미터인 정사각형 모양의 땅에서만 자라는 이상한 성질이 있었다.

한편 이 식물을 재배해보기로 마음먹은 농부가 있었는데, 그에게는 가로가 5미터, 세로가 7미터인 밭이 있었다. 그래서 그는 클로바쿠스 키다리쿠스를 한 줄에 일곱 그루씩 모두 5줄에다 심었다. 따라서 그가 심은 클로바쿠스의 수는 모두 5×7＝35그루였다.

그러므로 농부의 밭 넓이는 가로 곱하기 세로, 즉 35제곱미터가 된다.

직사각형의 면적 $S = a \times b$

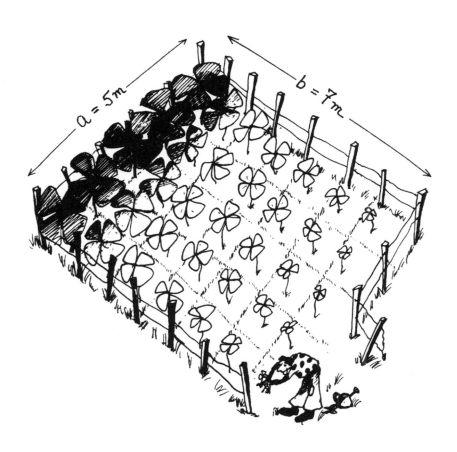

삼각형의 넓이

클로바쿠스 키다리쿠스를 재배한 농부는 엄청난 돈을 벌었고 그 식물을 더 많이 기르고 싶어졌다. 그런데 유전자가 이상하게 변한 이 식물은 사각형 모양의 땅에서만 자라는 특이한 성질을 가지고 있었다. 안타깝게도 농부에게 남아 있는 땅은 삼각형의 땅뿐이었다.

그러나 그는 '문제없어! 삼각형이란 건 사각형의 절반이잖아' 라고 외친 후, 이웃집 농부를 찾아가 동업을 제의했다. 그는 이웃집 농부에게 이렇게 설명했다.

"내게 삼각형 모양의 밭이 있어요. 그런데 삼각형의 꼭지점에서 바닥까지 수직으로 직선 h를 그으면 제 땅이 둘로 나누어지면서 직각삼각형 두 개가 생긴답니다.

그러니 나 혼자서는 안 되지만 우리가 힘을 합친다면 클로바쿠스를 키워서 많은 돈을 벌 수가 있을 거예요. 삼각형을 각각 두 배로 늘리면 사각형이 되거든요.

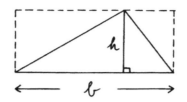

사각형의 전체 면적은 $b \times h$이고, 삼각형 모양의 내 밭의 면적

은 $\frac{1}{2}(b \times h)$가 될 테니, 함께 밭을 경작하고 수확은 똑같이 나누

면 공평하지 않겠어요?"

삼각형의 면적 $S = \dfrac{1}{2}(b \times h)$

5

삼각형 내각의 합은 180°

이웃집 농부는 클로바쿠스를 심어 큰 돈을 벌게 될 생각에 벌써부터 흥분해 있었다. 그래서 그는 동업자가 씨앗을 가지러 간 동안에 안절부절못한 채 삼각형 모양 밭 주변을 어슬렁거리기 시작했다. 그러고는 그 삼각형 밭에다 삼각형 ABC라는 이름을 붙여 주었다. 그는 변 AC와 변 AB가 이루는 각을 α라고 하면, 삼각형 밭에서 한 번 방향을 틀 때마다 매번 자신이 꼭지점 A에서 $180°$ $-\alpha$만큼을 돌게 된다는 것을 알게 되었다. 왜냐하면 각 A의 외각과 내각의 합이 $180°$이기 때문이다. 마찬가지로 그는 꼭지점 B에서도 $180°-\beta$를, 그리고 꼭지점 C에서 $180°-\gamma$를 돌게 된다.

방향을 세 번 튼 후에 보니 그는 처음에 출발했던 바로 그 지점에 와 있었다. 그는 완전히 $360°$를 회전한 셈이었다. 그 순간 그는

$$(180°-\alpha)+(180°-\beta)+(180°-\gamma)=360°$$

즉

$$\alpha + \beta + \gamma = 180°$$

라는 것을 깨달았다.

이렇게 하면 변이 4개, 5개, 6개 혹은 그 이상인 도형에 대해서 도 식을 끌어낼 수 있을 것이다. 한 번쯤 농부가 되어보는 것도 재미있지 않을까?

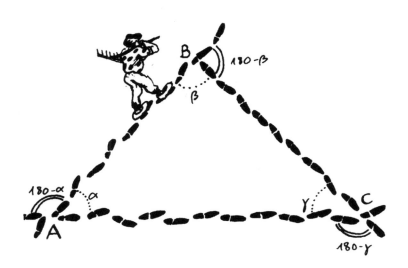

6

$$(a+b)^2 = a^2 + 2ab + b^2$$

어느 화창한 봄날. 한 소년이 거실에 걸려 있는 반 고흐의 멋진 그림 〈해바라기〉 포스터에 접힌 자국이 나 있는 것을 우연히 발견했다. 호기심이 생긴 소년은 그림에 난 금들을 자세히 들여다보았다. 소년은 그 금들이 정사각형인 그림을 네 개의 사각형으로 나누고 있다는 것을 알게 되었다. 변의 길이가 a인 정사각형 하나, 변의 길이가 b인 정사각형 하나, 그리고 폭의 길이가 a이고 높이가 b인 직사각형 두 개였다. 소년은 재미 삼아 그 그림의 면적을 두 가지 방법으로 구해보기로 했다.

그는 그 그림의 면적이 $(a+b)^2$이라는 것을 금방 알 수 있었다.

그리고 그것은 $a^2+b^2+ab+ab$이기도 한데 왜냐하면 그림의 전체 면적은 작은 사각형 네 개를 다 더한 값이기 때문이다. 좀더 확실히 하기 위해, 소년은 금을 따라 그림을 가위로 잘라 보았다. 그리고 나서 소년은 이런 결론을 내렸다.

$$(a+b)^2 = a^2 + 2ab + b^2$$

7

$$(a+b)(a-b)=a^2-b^2$$

우리들의 이 영리한 소년은 자라서 건물의 간판에 광고물을 붙이는 일을 직업으로 갖게 되었다. 소년은 청년이 되어서도 수학에 대한 열정만큼은 한 번도 잊어버린 적이 없었다. 공식에 대한 자신의 관심을 활용할 기회도 여전히 많이 있었다. 어릴 적 그림을 가위로 잘랐던 경험을 바탕으로 이제 그는 새로운 문제들을 탐구하기 시작했다.

어느 날 그는 한 변의 길이가 a인 정사각형 광고물을 벽에 걸고 있었는데, 그 광고물 안에는 한 변의 길이가 b인 작은 정사각형 모양이 하나 더 들어 있었다. 그는 그 작은 정사각형을 잘라내기로 마음먹었다. 그러면 L자 모양의 그림이 남게 되는데, 그 그림의 면적은 a^2-b^2이 되어야 했다. 그는 L자 모양의 윗부분(세로가 b, 가로가 $a-b$인 사각형)을 L자형의 오른쪽 끝으로 옮겨 붙였다. 그러자 가로가 $a+b$이고 높이가 $a-b$인 커다란 직사각형이 생겼

다. 그는 이 직사각형의 면적이

$$(a+b)(a-b)$$

라는 것을 알아냈다.

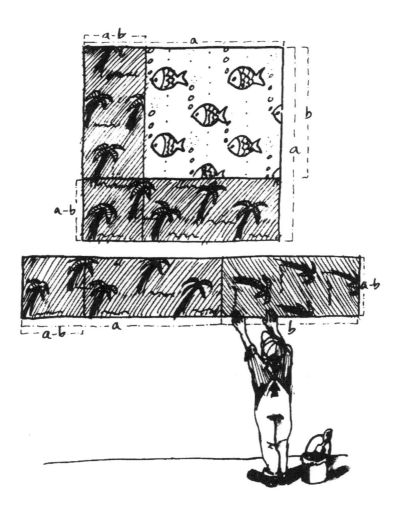

즉 L 자 모양의 그림의 면적은

$$(a+b)(a-b)=a^2-b^2$$

이었다.

자신이 오늘 정말 중요한 등식을 하나 새로 발견했다는 생각에 자랑스러워진 그는 그날의 일과를 즐겁게 마쳤다.

8

피타고라스의 정리

직각삼각형의 빗변의 제곱은 직각을 낀 두 변의 제곱의 합과
같다.

$$a^2 + b^2 = c^2$$

미국의 대통령이었던 제임스 가필드는 다음 페이지에 그려진
그림과 같은 사다리꼴을 하나 작도해보기로 마음먹었다. 그가 그
리고 싶었던 사다리꼴 안에는 각 변의 길이가 a, b, c인 직각삼각
형 두 개가 들어 있었다. 5장에 나왔던 농부의 도움을 받는다면,
각각의 직각삼각형에서 $\alpha + \beta + 90°$가 $180°$라는 사실은 쉽게 알
수 있을 것이다. 따라서 각 AOB의 크기는 $180° - \alpha - \beta$, 즉 $90°$가
된다.

가필드 대통령은 이제 그 사다리꼴의 면적을 두 가지 방식으로
계산해낼 수 있다는 것을 증명해냈다. 그는 사다리꼴의 면적이

가필드 대통령은 그림 오리기를 좋아했던 소년의 도움을 얻어
피타고라스의 정리를 증명해냈다.

밑변의 길이 $(a+b)$에다 왼쪽 변과 오른쪽 변의 길이의 합을 더해서 둘로 나눈 값인 $\frac{1}{2}(a+b)$를 곱하면 된다는 것을 알아냈다. 이 책에서는 이 계산법을 굳이 증명하지는 않았지만, 그림의 사다리꼴 위에다 똑같은 사다리꼴 하나를 뒤집어 올려놓아서 직사각형을 만들면 쉽게 이해가 갈 것이다.

방법이 하나 더 있는데, 그것은 삼각형 세 개의 면적 ($\frac{ab}{2}$, $\frac{ab}{2}$, $\frac{c^2}{2}$)을 모두 더하는 것이다. 그러면 다음과 같은 결과가 나온다.

$$(a+b) \times \frac{(a+b)}{2} = ab + \frac{c^2}{2}$$

이제는 어엿한 간판 전문가로 성장한 6장의 소년이 견습공이었을 때 알아낸 것을 이용해서 대통령은 왼쪽 변의 식을 정리했다. 그러자 피타고라스가 약 2,500년 전에 발견했던 공식이 재발견되었다.

$$a^2 + b^2 = c^2$$

9

원의 둘레는 $2\pi r$

    자전거 바퀴의 지름이 70센티미터일 때가 50센티미터일 때보다 한 바퀴를 돌리는 데 힘이 더 많이 든다는 것을 알게 된 어떤 자전거 선수가 있었다. 그는 그 비밀을 파헤쳐보기로 마음먹었다. 먼저 그는 바퀴의 1회전 길이를 측정하기 위해 타이어에다 페인트칠을 하고 자전거를 타보았다. 그러고 나서 페인트 자국의 거리를 측정해보았다. 그러자 지름 50센티미터 타이어를 달았을 때는 타이어 자국의 길이가 1.57미터, 70센티미터의 경우에는 2.19미터가 나왔다. 지름이 제각기 다른 여러 개의 타이어를 가지고 실험을 반복한 결과, 그는 타이어들의 원주(원둘레) L이 지름 d에 대해서 항상 일정한 비율로 나오며, 그 계수가 약 3.14라는 것을 발견했다.

$$L \fallingdotseq 3.14 \times d$$

얼마 후, 그는 어떤 기하학 책에서 이 식을 보았다. 그 책에는 이 식의 계수를 π라고 부른다고 나와 있었다. 한편 지름은 반지름의 두 배이므로 앞의 식을 다음과 같이 바꿔 쓸 수 있다.

$$L = 2\pi r$$

자전거 선수가 보았던 그 기하학 책에는 각의 크기를 $30°$, $40°$ 등과 같이 °(도)라는 단위 말고 다른 방식으로도 측정할 수 있다고 나와 있었다.

이 새로운 단위를 우리는 라디안이라고 부르는데, 1라디안은 반지름의 길이가 1인 원에서 호의 길이가 1일 때 그 중심각의 크기이며, 약 $57°18'$이다. 그리고 이와 같이 라디안을 단위로 각의 크기를 나타내는 방법을 호도법이라고 한다.

반지름이 1인 $\frac{1}{4}$ 원의 호의 길이는 $\frac{\pi}{2}$이므로, 직각($90°$)을 호도법으로 나타내면 $\frac{\pi}{2}$가 된다. 마찬가지로 $180°$는 π라디안이 되는데, 그것은 반지름 1인 원주의 길이의 $\frac{1}{2}$이 π이기 때문이다. 이것을 더 일반적으로 정리하면, '반지름의 길이가 1인 원에서 크기가 α인 중심각에 대한 호의 길이는 α이다'가 된다. 특히 원 전체의 중심각인 $360°$는 2π라디안이 되는데, 그것은 반지름이 1인 원의 원주의 길이이다. 왜냐하면 반지름 1인 원의 원주의 길이가 2π이기 때문이다.

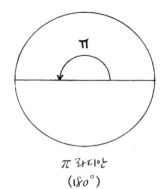

π 라디안
(180°)

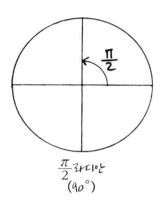

$\frac{\pi}{2}$ 라디안
(90°)

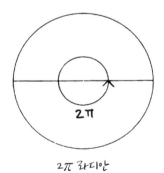

2π 라디안
(360°)

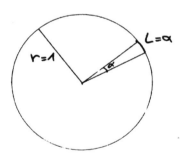

반지름의 길이가 1인 원에서
크기가 α인 중심각에 대한
호의 길이는 α이다.

10

원의 면적은 πr^2

기원전 250년경 이탈리아 시라쿠사의 한 빵집 주인이 크기가 어마어마한 케이크를 하나 구운 후 함께 나눠 먹자고 마을 사람들을 초대했다. 둥근 모양의 그 케이크는 자르는 데만도 꽤 많은 시간이 걸렸는데, 손님들이 나눠 받은 케이크 조각은 모두 높이가 r이고, 밑변의 길이가 l인 직각삼각형 모양(다음 위쪽 그림 참조)을 하고 있었다.

따라서 케이크 한 조각의 크기는 약 $\frac{1}{2}(r \times l)$이었다. 그런데 손님으로 와 있던 아르키메데스라는 한 영리한 사람은 케이크 조각의 크기를 모두 더하면 원래의 케이크 크기와 같아질 것이라는 사실을 알아냈다. 따라서 밑변 l의 길이를 모두 더한 값에다 높이 r을 곱한 후 다시 2로 나누면 케이크 전체의 크기가 나온다.

그는 '밑변의 길이를 모두 더하면 케이크의 원주의 길이, 즉 $2\pi r$이 나오거든'이라고 혼잣말을 했다. 그날 초대를 받았던 손님

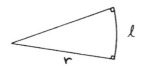

들 가운데 어떤 이들은 그때 아르키메데스가 '유레카!'라고 외친 후, 침착하게 이렇게 썼다고 주장했다.

$$S = \frac{1}{2}r \times 2\pi r$$

따라서

$$S = \pi r^2$$

$$\cos^2\alpha + \sin^2\alpha = 1$$

1900년경, 이 책을 쓴 필자들의 증조할아버지와 할머니가 프랑스의 식물학자인 크리스토프의 친구이자 저명한 교수인 코사인을 소개받았다. 코사인 교수의 집으로 가는 길은 지루할 정도로 멀었다. 자동차를 타고 한참을 간 후에야 도착한 그 집에는 코사인 교수의 동료인 사인 교수도 함께 살고 있었다.

그들은 정말 놀라운 사람이었다. 그들은 둘 다 키가 1미터밖에는 안 되었지만, 자신들의 키를 마음대로 줄였다 늘렸다 할 수 있는 능력을 가지고 있는 것이 마치 곡예사들 같았다. 그들은 서로 눈짓을 주고받고는 지금부터 자신들이 삼각비에 관해 강의를 해주겠다고 말했다.

"여러분도 물론 알고 있겠지만, 칠판에 그린 대로 직각삼각형에서 각 α의 사인값은 높이를 빗변으로 나눈 값이고, 코사인값은 밑변을 빗변으로 나눈 값입니다. 그렇지만 여러분이 이미 알고 있는 것처럼 사인과 코사인에 관한 이러한 정의는 둔각삼각형에는 적용되지 않는답니다."

그들은 '그런데 다행히도 둔각삼각형에도 사인과 코사인을 적용시킬 수 있는 방법이 있습니다'라고 덧붙인 후 한 사람은 수직선 위에 그리고 다른 한 사람은 수평선 위에 누웠는데, 마치 반지름이 1인 원 안에 두 개의 반지름이 있는 것처럼 보였다. 그러고 나서 그들은 손님들에게 아무 각이나 하나 선택해보라고 주문했고, 증조 할아버지와 할머니는 30°를 선택했다. 그러자 코사인 교수는 자신의 키를 cos30°의 값인 약 0.866으로, 사인 교수는 키를 sin30°의 값인 0.5로 줄였다. 코사인 교수는 '주목하세요. 빗변의 길이가 1인 직각삼각형 OAB에서 사인과 코사인 값은 각각 맞변과 밑변의 길이와 같습니다'라고 말했다.

손님들은 이번에는 90°를 선택했다. 그러자 사인 교수의 머리는 원에 가닿았고, 코사인 교수의 몸은 너무 작아져서 눈에 보이지 않을 정도가 되어버렸다. 그것은

$$\sin 90° = 1, \ \cos 90° = 0$$

이라는 것을 의미했다. 180°의 경우에는 사라진 쪽이 사인 교수였고, 코사인 교수는 키가 최대한 커졌다. 그러나 이번에 코사인 교수가 누운 곳은 왼쪽 선 위였고 그것은 코사인값이 음수임을 뜻했다.

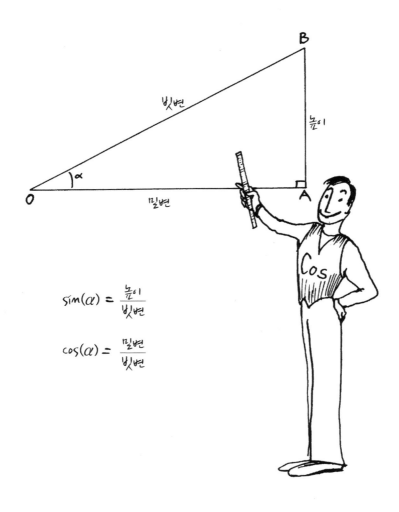

$$\sin(\alpha) = \frac{\text{높이}}{\text{빗변}}$$

$$\cos(\alpha) = \frac{\text{밑변}}{\text{빗변}}$$

$$\sin 180° = 0, \quad \cos 180° = -1$$

'여러분들은 이제 이런 식으로 하면 둔각의 사인값과 코사인값도 구할 수 있다는 것을 알게 되었을 것입니다'라고 그들은 결론을 내렸다.

잠시 후, 그들은 왜

$$(\cos\alpha)^2 + (\sin\alpha)^2 = 1$$

인지 아느냐고 갑작스럽게 질문했다. (위의 식은 $\cos^2\alpha + \sin^2\alpha$라고도 쓸 수 있다.)

손님들은 한참 동안 생각해보았지만 그 이유를 설명할 수 없었다. 그러자 사인 교수와 코사인 교수가 대신 답을 해주었다. 그들은 다시 원 안에 누운 후 자신들이 빗변이 1(그들이 누워 있는 원의 반지름도 1이다)인 직각삼각형 OAB의 높이와 밑변에 해당한다고 설명했다. 따라서 빗변의 제곱은 직각을 낀 두 변의 제곱의 합과 같다는 피타고라스의 정리에 따라 $(\cos\alpha)^2 + (\sin\alpha)^2 = 1$임이 쉽게 증명된다고 덧붙였다.

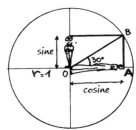

1) 30°
　사인값 = $\frac{1}{2}$
　코사인값 ≒ 0,866

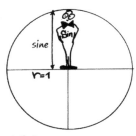

2) 90°
　사인값 = 1
　코사인값 = 0

3) 180°
　사인값 = 0
　코사인값 = -1

4) $\cos^2\alpha + \sin^2\alpha = 1$

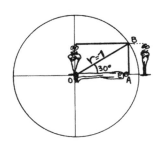

$$\sin\alpha \fallingdotseq \alpha, \cos\alpha \fallingdotseq 1-\frac{\alpha^2}{2} \ (\alpha \text{가 충분히 작은 수일 때})$$

그들은 '우리는 아직 계산기가 없습니다. 그래서 주어진 각에 대한 사인값과 코사인값을 근사치라도 계산해낼 수 있는 방법을 알아야만 합니다. 반지름이 1인 원의 중심각의 크기를 α라디안이라고 하면 그 호의 길이 역시 α가 됩니다. 각의 크기를 측정할 때, 라디안을 단위로 쓰는 호도법이라는 방식이 있다는 것은 9장에서 이미 배웠습니다. 호의 길이가 아주 작다면, 호의 길이는 호의 양끝을 연결한 직선의 길이와 사실상 같아집니다. 다음 그림에서 보는 것처럼 직각삼각형의 높이와 똑같아지는 것입니다. 그리고 그 선은 사인 교수의 키와 똑같습니다.

따라서

$$\sin\alpha \fallingdotseq \alpha$$

입니다'라고 말했다. 우리 증조 할아버지와 할머니는 이런 놀라운 사실에 감탄을 연발했다. 그렇지만 코사인 교수는 강의를 계속해나갔다.

"이제 사인 교수의 오른쪽에 있는 빗금친 이 직각삼각형을 주목해주십시오. 이 삼각형에서 높이는 정확히 $\sin\alpha$이고, 밑변의 길이는 $1-\cos\alpha$, 그리고 빗변의 길이는 α와 거의 같습니다."

$$\sin^2\alpha + (1-\cos\alpha)^2 \fallingdotseq \alpha^2$$
$$\sin^2\alpha + 1 + \cos^2\alpha - 2\cos\alpha \fallingdotseq \alpha^2$$

그렇지만 $\sin^2\alpha + \cos^2\alpha = 1$이므로 $2 - 2\cos\alpha \fallingdotseq \alpha^2$
즉

$$\cos\alpha \fallingdotseq 1 - \frac{\alpha^2}{2}^{*}$$

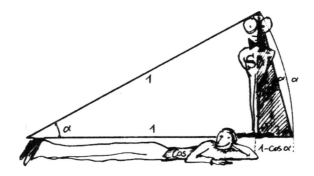

---

* 수학적으로 엄격하게 말해, 이 식은 $1-\cos\alpha \fallingdotseq \alpha^2/2$라고 써야 하고 이 두 식은 서로 다른 식이다. 하지만 α가 0에 가까워질 때 $\cos\alpha$값을 구하는 데는 제한적으로 쓰일 수 있다.

이다.

"하지만 조심해야 한답니다. 이런 사실은 각 α가 아주 작을 경우에만 그것도 근사치로만 타당할 뿐입니다."

코사인 교수가 덧붙인 경고였다.

$$\frac{\sin\alpha}{a} = \frac{\sin\beta}{b} = \frac{\sin\gamma}{c}$$

코사인 교수와 사인 교수는 강의를 계속했다.

"이제 정말로 재미있는 것을 보여드리겠습니다. 그런데 이번에 도 삼각형은 직각삼각형이라는 것을 잊으시면 안 됩니다.

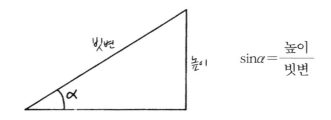

$$\sin\alpha = \frac{높이}{빗변}$$

그림과 같은 삼각형에서 꼭지점에서 밑변으로 이렇게 수직선 을 그어봅시다. 그럼 어때요, 직각삼각형이 두 개가 생기겠죠. 이 제 각 A와 각 B를 각각 α와 β로, 그리고 그것들의 맞변의 길이를 각각 a와 b로, 높이를 h라고 부르기로 합시다."

그러면

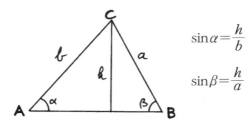

$$\sin\alpha = \frac{h}{b}$$

$$\sin\beta = \frac{h}{a}$$

여기서 $h = b\sin\alpha = a\sin\beta$가 되고, 따라서

$$\frac{\sin\alpha}{a} = \frac{\sin\beta}{b}$$

가 된다.

그런데 수직선을 C에서부터만 그으라는 법은 없으니까,

$$\frac{\sin\alpha}{a} = \frac{\sin\beta}{b} = \frac{\sin\gamma}{c}$$

도 성립된다.

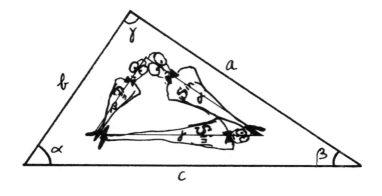

14

유리수와 무리수

$\frac{2}{3}$, $\frac{7}{5}$, …처럼 분모와 분자를 모두 정수로 나타낼 수 있는 수를 유리수라고 한다.

그런데 어떤 수들은 이런 분수로 나타낼 수 없다. 우리는 그런 수를 '무리수'라고 부르는데 무리수에는 한 변의 길이가 1인 정사각형의 대각선의 길이인 $\sqrt{2}$, 반지름이 1인 원의 둘레인 π(9장 참조), 그리고 앞으로 23장에서 배우게 될 e 등이 있다.

18세기 네덜란드의 작은 마을 암스텔의 황금치즈 전통축제에서는 자전거 타기 경주가 열리곤 했다. 그런데 재미있게도 이 자전거 경주에서는 빠르게 달리는 사람이 이기는 것이 아니라 자전거 바퀴를 완전히 돌려서 22미터에 가장 가까이 가는 사람이 이기게 되어 있었다. 어느 해인가 '릭 반 로이-에르타네트'라는 참가자가 우승을 했는데, 그의 우승 비결은 치밀한 계산과 거리 측정에 있었다.

하지만 그는 22미터에 정확히 맞출 수는 없었다. 왜냐하면 지름이 1인 타이어의 둘레 길이는 π값과 같고 따라서 지름이 1인 타이어를 정수 단위로 회전시켜서는 결코 22미터가 나올 수 없었기 때문이다. π는 무리수였던 것이다. 비록 우승은 했지만 7바퀴를 돌렸을 때 22미터에서 고작 9밀리미터가 모자라 완벽한 우승을 거두지 못한 그는 기분이 썩 좋지는 않았다.

계산에 계산을 거듭한 끝에 드디어 그는 다음 해에 원둘레의 길이가 정확히 $\frac{22}{7}$인 타이어를 만드는 데 성공했다. 그 해 대회에서 그는 바퀴를 7번 회전시켜서 정확히 22미터를 달릴 수 있었다. $\frac{22}{7}$는 분모와 분자가 모두 정수인 유리수였고, $7 \times \frac{22}{7} = 22$이기 때문이었다.

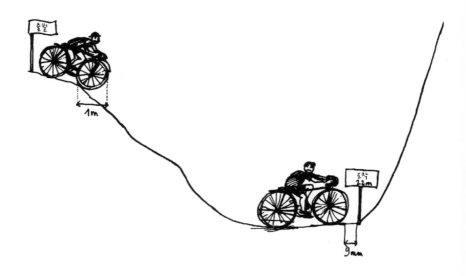

　그는 자신이 발견한 것을 비밀로 간직했다. 하지만 낮말은 새가 듣고 밤말은 쥐가 듣는다고, 결국 그의 비밀도 새어나가고 말았다. 그러자 다음 해 대회에서는 공동 우승자들이 생겨나기 시작했고, 해가 갈수록 그 수가 늘어만 갔다. 당황한 주최 측에서는 가장 빨리 달리는 사람이 우승하는 것으로 대회 규정을 아예 바꾸어버렸다. 오늘날과 같은 자전거 경주가 생긴 것도 이때부터였다고 한다. 믿거나 말거나….

15

$$\pi \fallingdotseq \frac{355}{113}$$

우리는 π값을 두 정수들의 비로 나타낼 수 있는 방법이 없다는 것을 앞에서 보았다. 그러나 π값의 근사치를 나타낼 수 있는 방법은 $3.14 = \frac{314}{100} = \frac{157}{50}$ 을 포함해서 여러 가지가 있다. 여기서 근사한 방법을 하나 더 알아보기로 하자.

$$\pi \fallingdotseq 3.1415926 = 3 + 0.1415926$$

이것을 우리는 이렇게도 쓸 수 있다.

$$0.1415926 \fallingdotseq \frac{1}{(7.062513)} = \frac{1}{7 + 0.062513}$$

그리고 $0.062513 \fallingdotseq \frac{1}{15.99}$ 이고, 15.99는 반올림을 하면 16이 되므로

$$\pi \fallingdotseq 3 + \cfrac{1}{7 + \cfrac{1}{16}}$$

$$= 3 + \cfrac{1}{\cfrac{113}{16}} = 3 + \frac{16}{113} = \frac{355}{113}$$

라고도 할 수 있다.

따라서 $\dfrac{355}{113} \fallingdotseq 3.1415929$이다.

그런데 사실 이보다 더 정확한 값은

$$\pi \fallingdotseq 3.1415926$$

이다.

여기서 우리는 $\dfrac{355}{113}$로 구한 π의 근삿값과 원래 정확한 π값 사이에 오차가 겨우 1,000분의 3에 불과하다는 것을 알 수 있다.

이차방정식

16

이차방정식의 해

기원전 500년경, 그리스의 한 농부는 정사각형의 땅과 그 땅을 둘러쌀 울타리를 사고 싶어했다. 땅 1제곱미터의 값은 1드라크마였고, 울타리도 1미터에 1드라크마였다. 그런데 그에게는 모두 60드라크마의 돈이 있었다. 만약 정사각형의 한 변의 길이가 N미터라면, 이 정사각형의 면적은 N제곱미터가 되고 그 둘레의 길이는 $4N$미터가 될 것이다. 따라서 땅과 울타리를 사는 데는 모두 $N^2 + 4N$ 드라크마가 필요하게 될 것이다. 그러므로 그 농부가 살 수 있는 가장 넓은 땅은 다음과 같다.

$$N^2 + 4N = 60$$

이 방정식을 풀기 위해 농부는 $N^2 + 4N$에 주목하고는 이 식을 $(N+2)^2$을 이용해 다시 썼다. 그는 $(N+2)^2 = N^2 + 4N + 4$라는 것을 알고 있었기 때문이다. (이러한 생각을 하게 된 데는 아마도 6장

이야기에 나오는 간판 청년의 도움이 컸을 것이다.)

그러므로 이 식은

$$(N+2)^2 = N^2 + 4N + 4 = 64$$

로 나타낼 수 있다. 따라서 $N+2=8$, 즉 $N=6$이다. 또 다른 해인 $N+2=-8$은 농부에게는 아무런 의미가 없었다.

훗날 수학자들은

$$aN^2 + bN + c = 0$$

의 해 N이 $b^2 - 4ac \geqq 0$일 때만 존재하며, 다음과 같은 식들에 의해 구해진다는 것을 알아냈다.

$$N_1 = \frac{-b + \sqrt{b^2 - 4ac}}{2a}$$
$$N_2 = \frac{-b - \sqrt{b^2 - 4ac}}{2a}$$

만약 $b^2 - 4ac = 0$이라면 두 해는 같다.

수 N_1과 N_2를 우리는 이차방정식의 해라고 부른다. 여러분들도 농부처럼 이런 이차방정식들을 풀 수 있을 것이다.

17

황금비

기하학자들뿐만 아니라 화가들도 아주 오래전부터 세로가 1이고 가로가 x인 아주 아름다운 사각형이 있다는 것을 잘 알고 있었다. 다음 그림에서처럼 이 사각형의 가로변을 1만큼 잘라내면, 남아 있는 사각형은 원래의 사각형과 똑같은 성질을 갖는다. 새로 생긴 사각형은 가로가 $x-1$이고 세로가 1이 되는데, 이때 가로와 세로의 비는 원래 사각형의 그것과 똑같다. 즉

$$\frac{x-1}{1}=\frac{1}{x}$$

이 된다.

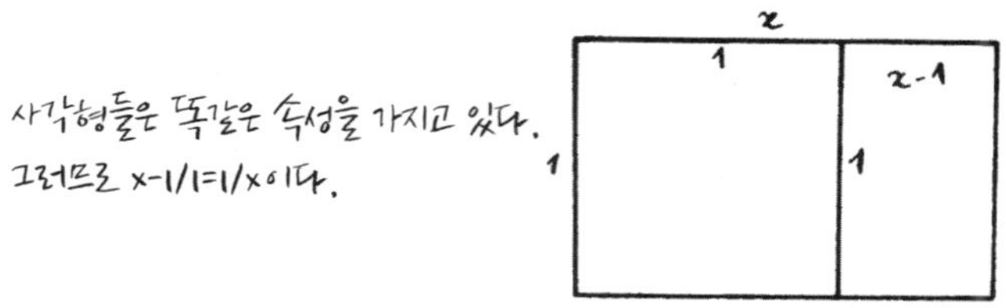
사각형들은 똑같은 속성을 가지고 있다.
그러므로 x-1/1=1/x이다.
x
1
x-1
1
1

여기서 x를 황금비라고 하고, 이때 x는 다음 식을 만족시켜야 한다.

$$x^2 - x - 1 = 0$$

우리는 16장에서 배운 것을 토대로 이 방정식의 해를 구할 수 있다.

$$x = \frac{1 + \sqrt{5}}{2} \fallingdotseq 1.618$$

그리고 15장에서 π값을 구하면서 사용했던 방식을 이용해서, 우리는 무리수 x의 근사치를 나타낼 수 있는 유리수도 알아낼 수 있다.

그러기 위해서 우리는 맨 처음 식을 다음과 같이 바꿔 써야 한다.

$$x = 1 + \frac{1}{x}$$

이 식에서 우변의 x를 $1 + \frac{1}{x}$로 치환하면 새로운 방정식,

$$x = 1 + \cfrac{1}{1 + \cfrac{1}{x}}$$

이 생긴다.

이런 식의 치환을 계속해서 해나간 후 마지막에 나오는 $\frac{1}{x}$을 생략하면, 수들은 다음과 같이 이어진다.

레오나르도 다빈치의 〈수태고지〉

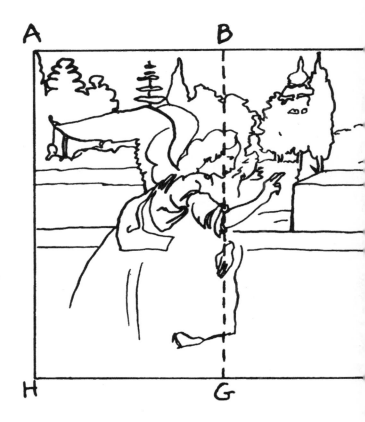

그림 속의 두 등장인물은 그림을 황금비로 이루어진 네 개의 사각형으로 나눈다.
ACFH, BDEG, ABGH, CDEF.

$$1, \ 1+\frac{1}{1}, \ 1+\cfrac{1}{1+\frac{1}{1}}, \ 1+\cfrac{1}{1+\cfrac{1}{1+\frac{1}{1}}}, \ \cdots$$

이런 과정을 무한히 계속하는 것은 아주 지루한 일일 것이다. 하지만 우리는 결국 이 값이 $\dfrac{1+\sqrt{5}}{2}$에 점점 더 가까이 간다는 것을 알 수 있게 된다. 이러한 수렴 현상을 알기 쉽게 나타내면 다음과 같다.

$$\frac{1+\sqrt{5}}{2} = 1+\cfrac{1}{1+\cfrac{1}{1+\cfrac{1}{1+\cfrac{1}{1+\cdots}}}}$$

$$\text{허수 } i = \sqrt{-1}$$

$x^2 + 4x = 60$과 같은 이차방정식을 푸는 법에 대해서는 16장에서 이미 배웠다. 예를 들어 $x^2 - 3x + 2 = 0$의 해는 $x_1 = 1, x_2 = 2$이다.

그러나 2차방정식들 가운데는 실수의 해를 가지지 않는 것도 있다. 가장 간단한 예는 다음과 같은 식이다.

$$x^2 + 1 = 0$$

16장에서 배운 근의 공식을 활용해서 이 방정식을 풀면

$$x_1 = \frac{\sqrt{-4}}{2}, \ x_2 = -\frac{\sqrt{-4}}{2}$$

이다.

그러나 $\sqrt{-4}$라는 수는 존재하지 않는다. 왜냐하면 제곱해서 음수 -4가 되는 수는 없기 때문이다. 그래서 이러한 유형의 이차방정식을 풀기 위해 수학자들은 제곱하면 음수가 되는 상상의

허수

실수

수, 즉 허수를 만들어냈다. 허수를 처음으로 생각해낸 사람은 삼차방정식의 해법을 연구했던 이탈리아의 수학자 지롤라모 카르다노였다. 그는

$$x^3 - 13x + 12 = 0$$

처럼 비교적 간단한 해(1, 3, −4)가 나오는 방정식도 있지만, 어떤 방정식들은 음수의 제곱근을 사용해야만 풀 수 있다는 것을 알고는 깜짝 놀랐다. 그래서 그는 그런 숫자들의 존재를 받아들이기로 했다. 수학자들은 제곱해서 음수가 되는 새로운 수를 나타내기 위해 i라는 문자를 사용하는데, 이때 i는 −1의 제곱근이다.

즉

$$i = \sqrt{-1}$$

이고, 이것은 $x^2 + 1 = 0$의 해가 i와 $-i$라는 것을 뜻한다.

한편 임의의 두 실수 a, b에 대하여 $a + bi$의 꼴로 나타낸 수를 복소수라고 하고, a를 실수부분, b를 허수부분이라고 한다. 예를 들면 복소수 $5 + 2i$에서 실수부분은 5, 허수부분은 2가 된다.

로그와
지수함수

19

로그의 발견

1614년에 존 네이피어 경은 한 스코틀랜드 사람을 정원사로 고용했다. 기하학에 푹 빠져 있던 네이피어 경은 자신의 정원을 갖가지 모양으로 꾸미기를 좋아했다. 그런데 그의 정원사는 꽃밭을 꾸밀 때마다 땅의 면적을 정확히 계산해야만 했다. 왜냐하면 네이피어 경은 필요 이상의 씨앗을 한 톨도 주는 법이 없었기 때문이다. 정원사에게 맡겨진 첫 번째 임무는 세로가 1미터이고 가로가 x미터인 직사각형의 땅에다 꽃을 심는 일이었다. 그런데 이 까다로운 주인은 제한 사항을 하나 두었다. 가로의 첫 1미터에는 아무것도 심어서는 안 된다는 것이었다. 그러므로 실제로 꽃을 심을 땅의 면적 S는

$$S = 1 \times (x-1) = x-1$$

이었다.

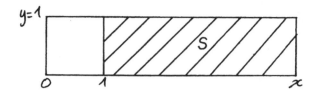

　정원사의 작업이 끝나자 네이피어 경은 이번에는 $y=x$인 직선에 의해 경계 지어지는 삼각형의 땅에다 꽃을 심으라고 시켰다. 물론 이번에도 전과 똑같은 제한이 덧붙여졌다.

　삼각형의 면적을 구하는 법을 알고 있었던 그 정원사는 꽃을 심을 면적 S가

$$S=\frac{x^2}{2}-\frac{1}{2}$$

이라는 것을 금방 계산해냈다. 전체 삼각형에서 변의 길이가 1인 삼각형을 뺀 면적이다.

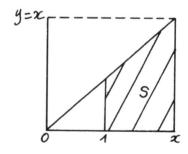

　그러자 네이피어 경은 더 까다로운 요구를 했다. 꽃을 심되 경계선을 포물선 모양의 $y=x^2$으로 삼으라는 것이었다. 그리고 나

서 그는 이번에도 뭔가를 더 말하려고 했지만, 정원사가 가로막 았다.

"알고 있습니다. 이번에도 첫 1미터에는 아무것도 심지 말라는 말씀을 하려고 하셨죠?"

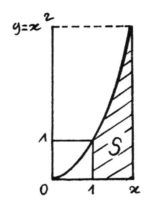

이번에는 좀 어려운 문제였다. 그래서 정원사는 기하학 책을 뒤져본 후에 씨를 심을 면적이

$$S = \frac{x^3}{3} - \frac{1}{3}$$

임을 알아낼 수 있었다.

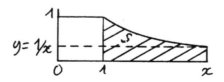

이번 일도 훌륭하게 처리해낸 그는 $y = \frac{1}{x}$ 을 경계선으로 하는

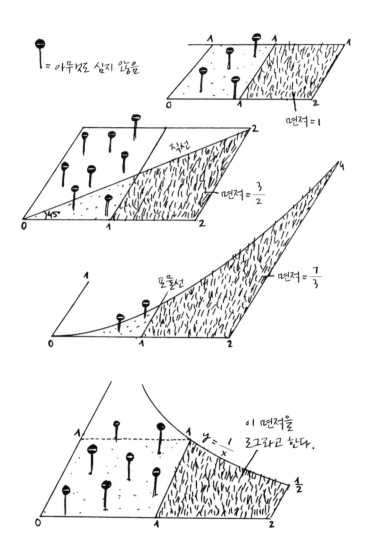

= 아무것도 심지 않음

면적 = 1

직선

면적 = $\frac{3}{2}$

45°

포물선

면적 = $\frac{7}{3}$

이 면적을 로그라고 한다.

$y = \frac{1}{x}$

$\frac{1}{2}$

새로운 꽃밭을 만들 계획을 세웠다. 이번 꽃밭의 경계는 1미터 후부터 높이가 점점 줄어드는 모양이었다. 그러나 이번 계획은 너무나 어려웠다. 방법을 찾아보려고 기하학 책을 들여다보면서 무척이나 노력해보았지만 모든 게 허사였다. 자신에게 기하학의 흥미를 불러일으킨 주인에 대해 존경심을 가지고 있었던 그는 이번 꽃밭의 면적을 네이피어의 크기라고 부르기로 마음먹었다.

훗날 수학자들은 그것의 이름을 네이피어 로그(또는 자연로그라고도 한다)라고 다시 붙여주었다. 이것을 $\log x$라고 쓰고 로그 x라고 읽는데, 이 값은 위 그림(81쪽 아래, 82쪽 맨 아래 $y = \frac{1}{x}$ 그래프)의 빗금친 부분의 면적 S와 같다.

$$S = \log x$$

20

$$\log(ab) = \log a + \log b^*$$

로그에 이름을 붙여주는 것 말고도, 정원사가 해야 할 일이 있었는데 그것은 로그값을 계산하는 일이었다. 정원사는 $x=1$일 때는 꽃밭에는 경계선을 제외하고는 아무것도 없고, 따라서 꽃밭은 아무런 크기도 갖지 않는다는 것을 금방 알아차렸다. 따라서

$$\log 1 = 0$$

이다.

다른 로그값들을 계산하기 위해, 그는 측정해야 할 꽃밭의 면적을 무수히 많은 작은 사각형 꼴로 나누었다. 예를 들면 다음 그림은 $\log 4$가 어떻게 세 부분으로 나뉘는지를 보여주고 있다. 더

---

* 앞으로 나오는 log는 모두 자연로그를 나타낸다. 그러나 log(ab)=log$a$+log$b$는 상용로그의 경우에도 그대로 적용된다.

욱더 작은 크기의 더욱더 많은 부분으로 나눈 후 22장에서 앞으로 배울 절차를 따라 하는 힘든 작업을 끝낸 후 그는 다음과 같은 값들을 얻었다.

$$\log 2 \fallingdotseq 0.693$$
$$\log 3 \fallingdotseq 1.098$$
$$\log 4 \fallingdotseq 1.386$$
$$\log 5 \fallingdotseq 1.609$$
$$\log 6 \fallingdotseq 1.791$$

갑자기 정원사는 승리의 환호성을 질렀다. 지금 막 그는

$$\log 4 = \log 2 + \log 2$$
$$\log 6 = \log 2 + \log 3$$

이라는 것을 알아낸 것이다. 그러고 나서 곧 자기가 발견한 것들을 바탕으로 모든 수 a, b에 대하여

$$\log(ab) = \log a + \log b$$

라는 식을 이끌어냈다.

이 식에 대한 완전한 증명은 훗날 뉴턴이 내놓았는데, 그 사람도 그 일을 정원에 심긴 과일나무 밑에서 해냈다고 한다. 훌륭한 수학자가 되기 위해서는 꽃과 나무를 좋아해야 하는가 보다.

21

$$1+\frac{1}{2}+\cdots+\frac{1}{n}-\log n \text{은 } 0.577\cdots\text{에 수렴한다}$$

마술처럼 멋진 식, 즉

$$\log(ab)=\log a+\log b$$

를 발견한 정원사는 그 덕분에 꽃밭의 면적을 더이상 측정하지 않고도 새로운 값을 쉽게 구해낼 수 있게 되었다. 예를 들어 log18을 계산하려면 다음과 같은 사실을 이용하면 된다.

$$18=2\times9$$

그러므로

$$\log 18=\log 2+\log 9$$

한편 9=3×3이므로

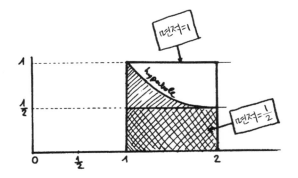

면적=1

hyperbola

면적=$\frac{1}{2}$

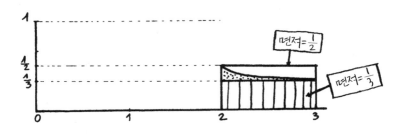

면적=$\frac{1}{2}$

면적=$\frac{1}{3}$

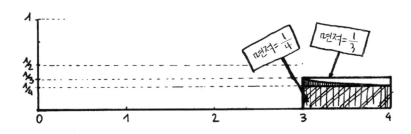

면적=$\frac{1}{4}$

면적=$\frac{1}{3}$

$$\log 9 = \log 3 + \log 3$$

이고, 결국

$$\log 18 = \log 2 + 2 \log 3 \fallingdotseq 2.890$$

이 된다.

이런 방법을 쓰다 보면 이보다 더 큰 로그값도 계산할 수 있다. 여러분도 심심할 때 $\log 100$과 $\log 1000$을 $\log 2$와 $\log 5$를 써서 나타내보기 바란다. 아주 재미있을 것이다. 하지만 정원사는 자기가 알아낸 방법이 모든 로그값에 다 적용되는지에 대해서는 확신이 서지 않았다. 그는 맞은편에 보이는 것과 같은 그림을 이용해, 이 꽃밭의 면적이 1미터와 2미터 사이에서는 $\frac{1}{2}$과 1 사이의 값이고, 3미터와 4미터 사이에서는 $\frac{1}{4}$과 $\frac{1}{3}$ 사이의 값이라는 것을 알게 되었다.

그는 이제 1, $\frac{1}{2}$, $\frac{1}{3}$, $\frac{1}{4}$, …의 값을 계산해서 로그값들의 근사치를 계산해보기로 했다.

예를 들어 $\log 6$의 근삿값은

$$1 + \frac{1}{2} + \frac{1}{3} + \frac{1}{4} + \frac{1}{5} + \frac{1}{6} = 2.45$$

이고, 그 오차는

$$E \fallingdotseq 2.45 - 1.791 = 0.659$$

이다.

일반적으로 $\log n$은 $1+\frac{1}{2}+\frac{1}{3}+\cdots+\frac{1}{n}$에 의해 근사치를 구할 수 있는데, 이것은 1에서 n까지의 모든 정수의 역수들의 합이다.

n이 커질수록 정확한 $\log n$의 값과 근삿값의 차는

$$C \doteqdot 0.577$$

에 점점 가까워진다.

이 수 C에는 위대한 수학자 오일러의 이름을 따서 오일러의 상수라는 이름이 붙었다. 이 식의 가치는 n이 커질수록 $\log n$의 값도 커지고 그 정확한 값이 $1+\frac{1}{2}+\frac{1}{3}+\cdots+\frac{1}{n}-C$에 점점 더 가까워져 간다는 것을 뜻한다는 데 있다.

$\log(1+x) \fallingdotseq x \,(x\text{는 충분히 작다})$

어느 날 정원사는 $\log(1.1)$처럼 작은 수의 값도 제대로 모르면서 $\log 50000$과 같이 큰 수들을 계산하려는 것은 바보 같은 짓이라는 생각이 들었다. 그는 일을 끝마치고 로그값에 대해 좀더 자세히 연구하기 시작했다.

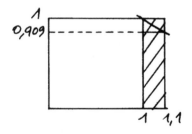

$x = 1.1$일 때, 꽃밭의 세로값 즉 $y = \dfrac{1}{x}$의 값은 약 0.909이다. 따라서 빗금친 부분의 면적은 작은 사각형 즉 가로가 0.1이고 세로가 0.909인 사각형과, 그보다 큰 사각형 즉 가로가 0.1이고 세

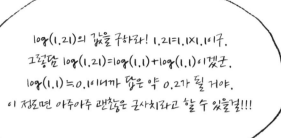

로가 1인 사각형의 면적 사이의 어떤 값을 갖는다. 그 값은 각기 0.909와 0.1이고 그러므로 그 오차는 0.0091에 불과하다. 그러므로 $\log(1.1) ≒ 0.1$이라고 해도 무방할 것이다. 일반적으로 x가 1보다 작을 때, 그는 $\log(1+x) ≒ x$라고 놓고 꽃밭의 면적을 구할 수 있었다. 왜냐하면 빗금친 부분의 면적은 가로가 x이고 세로가 1인 사각형의 면적과 거의 일치하기 때문이다.

우리는 방금 21장에서 $\log ab = \log a + \log b$를 이용하면 $\log 9$, $\log 18$ 등의 값을 계산할 수 있음을 보았다. 이제 우리는 x가 0.1보다 작을 때 $\log(1+x) ≒ x$라는 사실을 앞의 식과 함께 이용해서 모든 양수의 로그값을 계산할 수 있게 되었다. 로그값을 계산할 수 있는 과학용 계산기는 이러한 절차를 좀더 정밀하게 할 수 있도록 프로그램되어 있다.

e

정원사는 자신이 이런 대단한 것들을 발견했다는 사실이 너무도 기뻤다. 그는 아주 신기한 꽃밭을 꾸민 후, 네이피어 경에게 달려가 자신의 가설을 입증하기 위해 씨앗이 더 많이 필요하다고 말했다. 하지만 네이피어 경은 이번에도 전처럼 까다롭게 굴었다. "1제곱미터에 심을 수 있을 만큼의 씨앗을 주겠네. 하지만 그 이상은 안 되네."

정원사는 일을 하러 되돌아왔다. 그는 네이피어 경의 인색함에 화가 나 있었지만, 아무튼 그 정도의 씨앗이면 뭔가 재미있는 일을 하기에 충분했다.

그는 '지금까지는 x를 먼저 정하고 나서 $\log x$의 면적을 계산했지. 그렇다면 이제 반대로 해봐야지'라고 혼잣말을 했다. 그래서 그는 $\log x$의 면적이 1과 같아지는 x의 값을 알아보기로 마음먹었다.

정원사는 씨앗이 가득 든 자루를 들고 있었지만,
왠지 기운은 언짢았다.

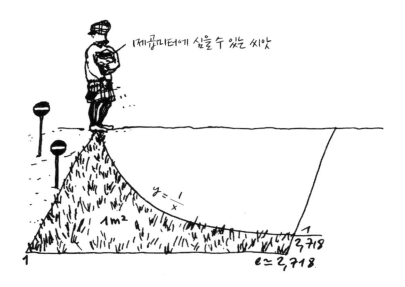

1제곱미터에 심을 수 있는 씨앗

$y = \frac{1}{x}$

$1m^2$

1

$\frac{1}{2,718}$

$e = 2,718$

자루는 다 비었고,
꽃밭은 다 채워졌다.

그는 1과 2 사이의 면적($\log 2 \fallingdotseq 0.693$, 20장 참조)은 1보다 작고, 1과 3 사이의 면적($\log 3 \fallingdotseq 1.098$)은 1보다 크기 때문에 x의 값은 반드시 2와 3 사이에 있어야 한다고 생각했다.

그는 숫자들과 하루 종일 씨름한 끝에 x가 약 2.718이라는 사실을 알아냈다. 그는 이 숫자에 e라는 이름을 붙여주었다.

$$e \fallingdotseq 2.718$$

이 e라는 이름을 놓고 어떤 사람들은 그것이 잉글랜드(England)의 첫글자를 따온 것이라고 주장하기도 한다. 한편 수학자들은 이 수가 무리수임을 이미 보여준 바 있다(14장 참조).

24

e의 거듭제곱

$\log e = 1$인 숫자 e를 발견한 후에도 수학에 대한 정원사의 열정은 조금도 식지 않았다. 그는 이제 $\log a = 2$를 만족시키는 수 a가 알고 싶어졌다. 그는 $a \fallingdotseq (2.718)^2$이라는 것을 계산해내는 데 성공했다. 그는 $2.718 \fallingdotseq e$이고, $a = e \times e = e^2$이므로 20장에서 배운 대로 $\log a = \log e + \log e$이기 때문에 자신이 구한 답이 맞다는 것을 확신할 수 있었다.

이제 정원사는 $\log a = x$를 만족시키는 수 a를 찾아내서 자신의 발견을 좀더 일반화시키고 싶어졌다. $x = 2$일 때, $a = e^2$인 것을 이미 알고 있었던 그는 이 수를 e^x으로 쓰는 것이 합당한 일이라고 생각했다. 그는 'e의 거듭제곱'을 발견한 것이다. 우리는 e를 무리수만큼 거듭제곱할 수도 있다. 앞에서 우리는 1장에서 이미 제곱, 세제곱, 네제곱처럼 어떤 수를 정수만큼 거듭제곱하는 것을 보았지만, 이제는 $e^{\sqrt{2}}$과 같은 식의 표기도 할 수 있게 되었다.

그는 자신이 방금 발견한 수 e^x을 이용해 정원을 새로 꾸미기로 마음먹었다. 그런데 이번에는 어찌된 일인지 네이피어 경도 특별한 조건을 달지 않았고, 덕분에 정원사는 씨앗을 마음껏 심을 수 있었다.

정원사는 길이가 x이고 높이가 e^x인 선을 경계로 하는 땅의 면적이

$$S = e^x - 1$$

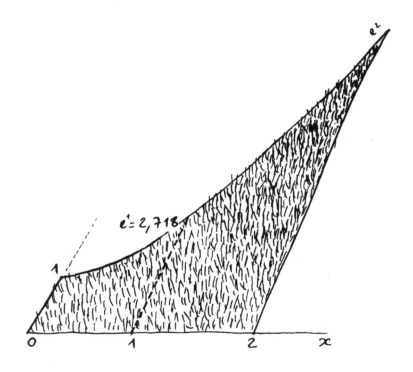

이라는 것을 알고 매우 만족해했다. 네이피어 경은 정원사를 후하게 대접한 후 은퇴시켰다고 전해진다.

25

도함수와 적분

이 일이 있었던 지도 어느덧 60년이 되었다. 사과나무 아래서 아이작 뉴턴은 네이피어 경의 정원사가 이뤄낸 천재적인 발견들에 관한 책을 읽고 있었다.

정원사가 실제로 알아낸 것이 무엇일까? 그는 꽃밭의 모양을 직사각형, 삼각형, $y=x^2$, $y=\dfrac{1}{x}$ 모양으로 만들고 1과 x 사이의 면적을 계산했다. 그렇다면 그 반대로도 할 수 있지 않을까?

뉴턴은 당장 연구해보기로 마음먹었다. 그는 '한번 생각해보자구. 점 0과 점 x 사이의 면적이 $\frac{x^2}{2}$일 때, 꽃밭이 직선 $y=x$로 둘러싸여 있었단 말이야'라고 혼잣말을 했다. 그러고 나서 그는 x를 $\frac{x^2}{2}$의 '도함수'라고 불렀다.

정원사의 책을 읽고 그는 x의 도함수는 1(직사각형 꽃밭), $\frac{x^3}{3}$의 도함수는 x^2(포물선형 꽃밭) 그리고 $\log x$의 도함수는 $\frac{1}{x}$이라는 것을 알아냈다. 마지막으로 그는 $e^x - 1$의 도함수가 e^x이라는 것도 알아냈다.

얼마 지나지 않아, 그는 꽃밭의 '높이(세로 길이)'를 두 배 혹은 세 배로 늘리는 것만으로 꽃밭의 넓이가 두 배나 세 배로 늘어난다는 것도 깨달았다. 따라서 x^3의 도함수는 앞에서 알아낸 $\frac{x^3}{3}$의 도함수의 세 배 즉 $3x^2$이 된다. 그는 x^4의 도함수는 $4x^3$이고, x^5의

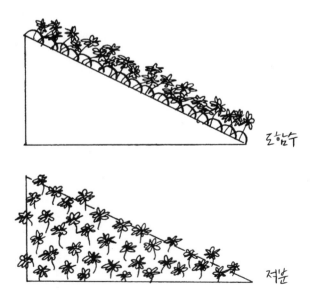

도함수

적분

도함수는 $5x^4\cdots$임을 금방 알 수 있었다.

앞의 그림들에서 사선은 x의 함수를 나타낸다. 일반적으로 함수 x의 값은 함수 x에 의해 둘러싸여 만들어지는 도형의 높이를 나타낸다. 그리고 이 도형의 면적을 그 함수의 적분이라고 하고, 함수 그 자체를 이 적분의 도함수라고 한다.

사실 도함수라는 말은 뉴턴이 만든 것이 아니다. 그는 '유율(流率)'이라는 말을 주로 썼다. 도함수라는 말을 만든 사람은 40장에서 보게 될 프랑스의 수학자 라그랑주였다.

한편 $\dfrac{x^2}{2}$을 $x(\int xdx)$의 '적분'이라고 부른 사람은 독일의 저명한 수학자이자 철학자인 라이프니츠였다. 이때 $\dfrac{x^2}{2}$의 적분은 직선 $y=x$로 둘러싸인 부분의 면적을 뜻한다. 정원사는 자신이 적분을 계산하고 있다는 것을 모른 채 그저 꽃밭의 면적을 측정하는 일에만 몰두했던 것이다.

$$e^{i\alpha} = \cos\alpha + i\sin\alpha$$

i(18장)나 π처럼 e(23장)도 특별한 성질을 가지고 있다. 그리고 이 수들이 서로 결합되면 이상한 일이 더 많이 생겨난다.

우리는 e의 거듭제곱에 대해서 네이피어 경의 정원사로부터 많은 것을 배웠다. 이제 다시 코사인 교수와 사인 교수의 집으로 돌아와서 '허수로 거듭제곱하기'에 대해 배워보자. 코사인 교수와 사인 교수는 주어진 각 α에 대해

$$e^{i\alpha} = \cos\alpha + i\sin\alpha$$

이며, 이것은 정의에 의해 그렇다고 가르쳐주었다.

"어쩌면 여러분은 이게 어떻게 거듭제곱의 정의가 될 수 있느냐고 생각할지도 모르겠습니다. 하지만 이걸 자세히 보세요."

$$e^{-i\alpha} = \cos(-\alpha) + i\sin(-\alpha)$$

실수부분

허수부분

$$= \cos\alpha - i\sin\alpha$$

그러므로

$$e^{ia} \times e^{-ia} = (\cos\alpha + i\sin\alpha)(\cos\alpha - i\sin\alpha)$$
$$= \cos^2\alpha - i^2\sin^2\alpha$$
$$= \cos^2\alpha + \sin^2\alpha = 1$$

(우리는 허수를 다루는 규칙에 대해 언급하지 않았다. 왜냐하면 허수의 규칙이 매우 간단하기 때문이다. 허수는 실수와 똑같이 계산하면 된다. 단지 $i^2 = -1$이라는 것만 잊지 않으면 된다.)

따라서

$$e^{-ia} = \frac{1}{e^{ia}}$$

사인 교수와 코사인 교수는 이렇게 결론을 내렸다.

"이번 거듭제곱에는 허수가 쓰였지만, 그다지 어렵지는 않을 것입니다. 왜냐하면 거듭제곱에 허수가 쓰이더라도 앞서 1장에서 배웠던 그대로 계산되면 되기 때문입니다."

$$e^{i\pi} = -1$$

코사인 교수와 사인 교수는 강의를 계속했다.

"앞에서 말했듯이 e, i, π가 결합하면 아주 재미있는 일이 생긴답니다."

예를 들어 11장에서 배웠던

$$\cos\pi = -1, \ \sin\pi = 0$$

을 기억한다면

$$e^{i\pi} = \cos\pi + i\sin\pi = -1$$

임을 쉽게 알 수 있다.

사인 교수는 이 식을 발견한 사람이 18세기 스위스의 대(大) 수학자 레온하르트 오일러였다고 우리에게 알려주었다. 그러고 나서 사인 교수는 갑자기 낡은 책을 하나 꺼내 들고는 읽기 시작했

다. 그 책에는 러시아의 예카트리나 여제와 프랑스의 철학자 드니 디드로의 유명한 대화가 실려 있었다. 디드로에게 여제가 신이 존재하느냐고 물었다. 그러자 철학자는 복잡하고 지루한 논증들을 동원해 신이 존재하지 않는다는 설명을 시도했다. 그렇지만 수학자 오일러의 대답은 무척이나 간단했다고 한다.

"$e^{i\pi} = -1$이고, 따라서 신은 반드시 존재합니다."

계속해서 사인 교수는 '오일러의 천재성에 감탄한 사람들은 그가 말한 식을 파리로 보내 π값이 거대한 숫자로 새겨져 있는 발견 박물관의 한 방에다 새겼다고 합니다. 언제 기회가 있으면 한번 가보기로 합시다'라고 말했다.

---

* 수학자의 편에 선 사람이라면 진짜 이야기는 더 유쾌하고 재미있을 것이다. 사실 오일러는 이렇게 말했다고 한다. "디드로 선생, $\frac{a+b^n}{n} = x$이고 따라서 신은 반드시 존재합니다! 선생은 어떻게 생각하십니까." 그러자 어려워 보이는 수식에 당황한 디드로는 제대로 대답을 할 수 없었다. 그런데 $\frac{a+b^n}{n} = x$는 사실 디드로를 놀리기 위해 오일러가 그냥 꾸며낸 식에 불과했다.

$$\cos2\alpha = \cos^2\alpha - \sin^2\alpha$$

$$\sin2\alpha = 2\sin\alpha\cos\alpha$$

사인 교수와 코사인 교수는 계속해서 우리를 수학의 멋진 세계로 안내했다. 그들은 우리에게 '사인Ⅱ'와 '코사인Ⅱ'라는 이름의 조교들을 소개했다. 그 청년들 역시 사인 교수와 코사인 교수처럼 키를 마음대로 줄였다 늘렸다 할 수 있는 능력을 가지고 있다.

코사인 교수가 말했다.

"여러분은 26장에서 $e^{i\alpha}$을 보았던 것을 잘 기억하고 있을 것입니다. 이번에는 $e^{2i\alpha}$에 대해서 알아보도록 합시다."

$$
\begin{aligned}
e^{2i\alpha} &= e^{i\alpha} \times e^{i\alpha} \\
&= (\cos\alpha + i\sin\alpha)^2 \\
&= \cos^2\alpha + 2i\sin\alpha\cos\alpha + i^2\sin^2\alpha
\end{aligned}
$$

(우리는 6장에 나왔던 친구의 친절한 도움을 받았다.)

$$= \cos^2\alpha - \sin^2\alpha + 2i\sin\alpha\cos\alpha$$

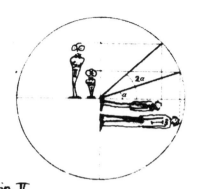

면적 = sin Ⅱ

$\alpha = 30°$
$\cos Ⅰ = 0,866$
$\sin Ⅰ = 0,5$
$2\alpha = 60°$
$\cos Ⅱ = 0,5$
$\sin Ⅱ = 0,866$

면적 = cos Ⅱ

한편 다음과 같은 식도 성립한다.

$$e^{2i\alpha} = e^{i(2\alpha)}$$

$$= \cos 2\alpha + i\sin 2\alpha$$

위의 두 식에서 허수부분과 실수부분을 짝지어보면, 아름다운 식 두 개가 나온다. 조교 사인Ⅱ와 코사인Ⅱ는 칠판에 이렇게 적었다.

$$\cos 2\alpha = \cos^2\alpha - \sin^2\alpha$$

$$\sin 2\alpha = 2\sin\alpha\cos\alpha$$

나중에 코사인 교수는 이런 얘기를 덧붙였다.

"솔직히 말하면, 허수를 사용하지 않고도 이 식들을 유도해낼 수 있었답니다. 하지만 그건 너무 복잡해서… 아무튼 이제 여러분들도 i 같은 추상적인 수를 사람들이 왜 만들어냈는지 이해가 가실 겁니다. 그런 걸 잘 활용하면 수학이 좀더 쉽고 재미있어지거든요."

수열

29

$$1+2+\cdots+n=\frac{n(n+1)}{2}$$

1787년 독일의 한 교실. 수업 분위기가 엉망인데 화가 난 선생님이 아이들에게 벌을 내렸다.

$$1+2+\cdots+100$$

까지의 합을 구하라는 것이었다. 선생님은 적어도 수업이 끝날 때까지는 교실이 조용할 것이라고 기대하고는 편안히 의자에 앉아 있었다. 그러나 안타깝게도 선생님의 예상은 빗나가고 말았다. 카를 프리드리히 가우스라는 한 학생이 5분도 안 되어 문제를 다 풀어버린 것이다.

그는 말했다.

"선생님, 문제가 너무 쉬운걸요. 윗줄에다가 원래 문제를 이렇게 쓰고요. 그다음 줄에는 그 반대 순서로 쭉 쓰는 거예요. 이렇게 말이에요.

1에서 100까지의 숫자를 하나하나 다
더하고 있네! 힘들겠다. 그치?

어라! 가우스는 숫자들을 포개고 있네.
뭘 하려는 거지? 아하! 이제 알겠다.

$$1 + 2 + 3 + \cdots + 100$$
$$100 + 99 + 98 + \cdots + 1$$

그러고 나서 윗줄의 숫자와 아랫줄의 숫자를 짝을 맞춰 하나씩 더하는 거예요. 1+100, 2+99, 3+98, … 그러면 더한 값이 다 똑같이 101이 됩니다. 그리고 101이 모두 100개가 될 테니까, 101에다 100을 곱하는 거예요. 그러고 나서 둘로 나눠주면 답이 나오는 거예요. 따라서 문제의 답은 다음과 같습니다."

$$\frac{1}{2} \times 100 \times 101 = 5050$$

선생님은 아직도 잘 이해가 가지 않는 눈치였다. 하지만 열 살 난 소년 가우스는 이런 방법을 쓰면 1에서 n까지의 자연수의 합을 구할 수 있다는 설명까지 덧붙였다.

$$1+2+\cdots+n = \frac{1}{2}[(1+n)+(2+n-1)+\cdots+(n+1)]$$

이 식에서 $n+1$이 모두 n개이므로, 식은 이렇게 다시 쓸 수 있다.

$$1+2+\cdots+n = \frac{1}{2}n(n+1)$$

30

피보나치 수열 $F_n = F_{n-1} + F_{n-2}$

1200년경 이탈리아의 레오나르도 피보나치란 사람은 행복한 고민에 빠져 있었다. 한 친구에게 토끼 한 쌍을 선물받았는데, 앞으로 일 년 후에 그 토끼들이 몇 마리로 불어날지 궁금해진 것이다. 토끼 한 쌍이 매달 마지막 날에 토끼 한 쌍을 낳으면 일 년 후에는 토끼가 몇 마리나 될까? 물론 피보나치는 온 정성을 다해 토끼를 기를 준비가 다 되어 있었기 때문에, 그 사이 토끼가 죽는 일은 절대 일어나지 않을 것이라고 자신했다.

피보나치는 n번째 달 첫째 날의 토끼 쌍의 수를 F_n이라고 부르기로 했다. 그러므로 $F_1 = 1$이고, $F_2 = 2$이다. 왜냐하면 피보나치가 선물받은 토끼의 쌍은 한 쌍이었고, 이 한 쌍은 두 번째 달의 첫날 아침에 새끼 한 쌍을 낳을 테니, 두 번째 달의 첫날이면 피보나치는 모두 두 쌍의 토끼를 갖게 되기 때문이다.

그는 n번째 달 첫째 날의 토끼 쌍을 둘로 묶을 수 있다는 데 생

각이 미쳤다. 갓 태어난 새끼 쌍들과 그렇지 않은 어른 쌍으로 나
뉘는 것이다. 그리고 그는 $n-1$달 때부터 이미 있었던 어른 토끼
쌍들의 수를 F_{n-1}이라고 나타냈다.

새로 태어난 쌍은 한 달 후에는 어른이 되어 새끼를 밸 수 있고,
그리고 나서 그다음 달에는 새끼 한 쌍을 낳을 수 있기 때문에 새
로운 새끼 쌍의 수는 두 달 전의 토끼 쌍 전체의 수와 같고 그 수
는 F_{n-2}이다. 그러므로

$$F_n = F_{n-1} + F_{n-2}$$

이다.

이 식에다 $F_1=1$, $F_2=2$를 대입시키면 일 년 후의 토끼 쌍의
수 $F_{12}=233$쌍이 된다는 것을 알 수 있다. 이러한 수열 F_n을 수학
자들은 피보나치 수열이라고 부른다. 그리고 이 수열의 맨 앞에
는 보통 1이 하나 더 붙는다.

1, 1, 2, 3, 5, 8, 13, 21, 34, 55, 89, 144, 233, …

$$n! = n \times (n-1) \times \cdots \times 3 \times 2 \times 1$$

수학책과 국어책이 있고, 그것을 넣을 서랍이 서랍 A, 서랍 B 이렇게 두 개 있다면, 책을 서랍에 넣는 방법은 두 가지가 있다. 우리는 수학책을 서랍 A에 넣을 수도 있고 서랍 B에도 넣을 수 있다. 그러고 나면 국어책을 넣을 서랍은 A나 B 가운데 하나만 남게 된다.

이제 영어책과 세 번째 서랍 C가 더 더해졌다고 생각해보자. 영어책은 서랍 A, B, C 중 한 군데에 넣을 수 있고, 그러면 책 두 권과 서랍 두 개가 남게 된다. 그런데 앞에서 우리는 책 두 권과 서랍 두 개가 있을 때 책을 넣는 방법이 두 가지라는 것을 이미 보았다. 따라서 세 권의 책을 배열하는 방법은 다음 그림에서처럼 모두 $3 \times 2 = 6$가지 방법이 있다.

만약 과학책과 서랍 D가 더 있다고 하면, 새로 생긴 과학책을 넣을 수 있는 서랍은 모두 네 개가 된다. 그리고 이러한 각각의 경

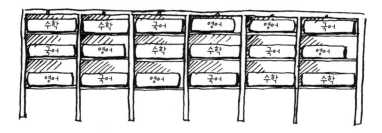

세 권의 책을 배열하는 방법의 수는 두 권의 책을 정렬하는 방법의 3배이다.

우에 대해, 남아 있는 세 권의 책을 배열할 수 있는 방법은 앞에서 본 것처럼 6가지가 있다.

따라서 4권의 책을 배열하는 방법은 모두

$$4 \times 6 = 4 \times 3 \times 2 = 24$$

가지가 된다.

물론 3×2는 $3 \times 2 \times 1$과 같고, $4 \times 3 \times 2$는 $4 \times 3 \times 2 \times 1$과 같다.

수학자들은 $3 \times 2 \times 1$을 3!이라고 쓰고, 3팩토리얼이라고 읽는다. 마찬가지로 $4 \times 3 \times 2 \times 1$은 4!이라고 쓰고, 4팩토리얼이라고 읽는다.

만약 20권짜리 백과사전을 서가에 배열할 수 있는 방법이 몇 가지나 되는지 궁금하다면, 20!을 계산해보면 된다.

"한 권을 꽂는 데 1초가 걸리니까…
음… 걸을 다 미치려면 770억 년이 걸리겠군!"

$$20! = 20 \times 19 \times 18 \times 17 \times 16 \times 15 \times 14 \times 13 \times 12 \times 11 \times$$
$$10 \times 9 \times 8 \times 7 \times 6 \times 5 \times 4 \times 3 \times 2 \times 1$$
$$= 2432902008176640000$$

그러므로 백과사전 20권을 20개의 서랍에 넣는 데는 약 243경 가지의 서로 다른 방법이 있다.

$$\frac{1}{2} + \frac{1}{4} + \frac{1}{8} + \cdots = 1$$

그리스의 엘레아란 곳에 평생 역설만을 사랑한 사람이 있었으니 그가 바로 그 유명한 제논이라는 철학자였다. 언젠가 그는 운동은 불가능하다고 주장했다. 그는 화살이 과녁까지의 거리의 절반을 날아가면, 이제 나머지 절반을 더 날아가야 과녁에 도달할 수 있고, 그 절반의 절반을 더 날아가면 이제 또 그 절반의 절반이 남는데, 이런 과정이 무한히 계속된다고 설명했다. 따라서 그가 생각하기에 화살은 결코 과녁에 꽂힐 수 없는 것이다.

그렇지만 화살이 과녁에 꽂히는 일이 실제로 일어난다는 것을 우리는 잘 알고 있다. 화살이 과녁에 꽂힐 수 있는 것은 화살이 날아가야 할 거리가 계속해서 짧아지면, 그에 따라 그 거리를 날아가는 데 걸리는 시간도 점점 더 짧아지기 때문이다.

아무튼 제논의 역설은 1미터를 $\frac{1}{2}$미터(처음의 절반)$+\frac{1}{4}$미터(남은 절반의 또 절반)$+\frac{1}{8}$미터$+\frac{1}{16}$미터$+\cdots$로 나누어볼 수 있음

을 우리에게 알려주었다. 17장에 나오는 황금비의 경우에서처럼, 이렇게 무한히 계속되는 값을 하나하나 계산하는 것은 정말 귀찮고 힘든 일이다. 그러나 우리는 $\frac{1}{2}=0.5$이고, $\frac{1}{2}+\frac{1}{4}=0.75$이고, $\frac{1}{2}+\frac{1}{4}+\frac{1}{8}=0.875$라는 것만을 보고도 항을 계속 더할 때마다 그 값이 1에 점점 더 가까이 간다는 것을 알 수 있다. 그러므로

$$\frac{1}{2}+\frac{1}{4}+\frac{1}{8}+\cdots=1$$

이라고 쓸 수 있다. 좌변에는 비록 항이 세 개밖에 없지만, 이 식은 좌변에 계속해서 항을 더해 나갈 때마다 그 값이 점점 1에 가까이 감을 나타내고 있다.

여러분도 34장에 나오는 식에다 $x=\frac{1}{2}$을 대입함으로써 지금 배운 식을 끌어낼 수 있다.

$\dfrac{4}{\pi}$, log 2 등을 무한수열의 합으로 나타내기

우리는 앞에서 가우스, 제논, 간판 견습공의 도움을 받아, $\dfrac{1}{2}$ $+\dfrac{1}{4}+\dfrac{1}{8}+\cdots$, 그리고 $1+x+x^2+x^3+\cdots$의 합을 구하는 것이 그다지 어려운 일이 아니라는 것을 알게 되었다. 수학자들은 21장, 32장, 34장에 나오는 것 말고도 특정한 수 π, e, log2 등의 값을 이와 같은 무한수열의 합으로 나타낼 수 있는 방법을 찾기 위해 오랫동안 노력해왔다. 다음의 식들은 이들 수학자들이 찾아낸 식 가운데 유명한 것들이다. 이 식들의 우변을 계산해보면 점점 더 좌변의 값에 가까이 가는 것을 알 수 있을 것이다. 물론 손으로 계산하기가 번거롭다면 계산기를 사용해도 된다. 그리고 수학에 자신이 있다면, 이 식들을 증명해보는 것도 재미있을 것이다.

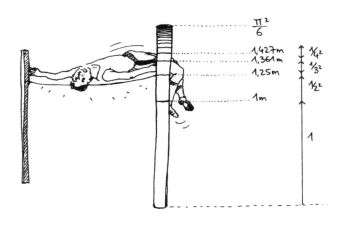

$$\frac{\pi}{4} = 1 - \frac{1}{3} + \frac{1}{5} - \frac{1}{7} + \frac{1}{9} - \cdots$$

$$\log 2 = 1 - \frac{1}{2} + \frac{1}{3} - \frac{1}{4} + \frac{1}{5} - \cdots$$

$$\frac{\pi^2}{b} = 1 + \frac{1}{2^2} + \frac{1}{3^2} + \frac{1}{4^2} + \frac{1}{5^2} + \cdots$$

$$e = 1 + \frac{1}{1} + \frac{1}{2} + \frac{1}{6} + \frac{1}{24} + \frac{1}{120} + \cdots$$

그리고 하나 더, 마지막 식에 나오는 분모 1, 2, 6, 24, 120, …은 우리가 31장에서 한 번 만난 적이 있을 것이다. 바로 $n!$이다.

34

$$1+x+x^2+x^3+\cdots=\frac{1}{1-x}\,(|x|<1)$$

엘레아 출신의 철학자 제논의 도움으로 앞에서 우리는 실제로 일일이 계산을 하지 않고도 무한수열의 합을 구할 수 있다는 것을 알았다. 이제 앞서와 같은 유형의 좀더 일반적인 식에 도전해 보기로 하자.

앞에서 만난 간판 견습공 덕분에 우리는

$$(1-x)(1+x)=1-x^2$$

임을 쉽게 알 수 있다. 그런데 이 식의 좌변에 있는 $(1+x)$에 x^2을 추가해 새로운 식을 만들면

$$(1-x)(1+x+x^2)=1-x^2+x^2-x^3=1-x^3$$

이 된다. 이런 식으로 x^3, x^4, $\cdots$을 덧붙여 새로운 식을 계속 만들어가면, 우변은 $1-x^4$, $1-x^5$, $\cdots$이 될 것이다.

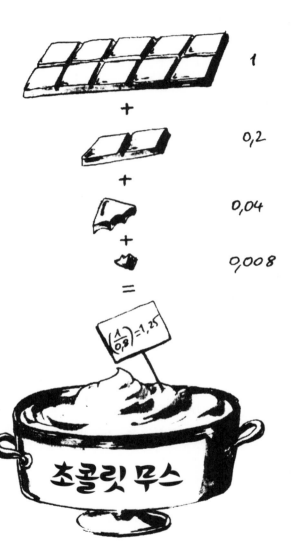

1

+

0,2

+

0,04

+

0,008

=

$\left(\dfrac{1}{0,8}\right)=1,25$

초콜릿 무스

만약 x가 1보다 작다면, 우변의 $x^2, x^3, x^4, \cdots$이 점점 더 작아져서 마침내는 0에 아주 가까이 갈 것이다. 예를 들자면, $x=0.2$라면 $x^2=0.04$가 되고, $x^3=0.008$, $x^4=0.00032$, $\cdots$이 된다. 만약 이런 과정을 무한히 계속한다면 다음과 같은 결과가 나올 것이다.

$$(1-x)(1+x+x^2+x^3+\cdots)=1$$

그리고 이 식으로부터 우리는 제목에 적힌 식을 끌어낼 수 있다. $x=0.2$의 예로 돌아가보자. 그러면 우변의 값은

$$\frac{1}{1-x}=\frac{1}{0.8}=1.25$$

가 된다.

한편 좌변의 첫 번째 항에서 여섯 번째 항까지를 모두 더하면

$$1+x+x^2+x^3+x^4+x^5=1.24992$$

가 된다.

그리고 만약 $x^6, x^7, \cdots$까지 계속해나간다면, 그 합은 '참값' 1.25에 점점 더 가까워진다.

입체 도형

35

오일러의 공식 $v-e+f=2$

다각형으로 둘러싸인 입체 도형을 다면체라고 한다. 이때, 다면체를 둘러싸고 있는 다각형을 면, 다각형의 변을 모서리, 다각형의 꼭지점을 다면체의 꼭지점이라고 한다. 다면체는 그 면의 개수에 따라 사면체, 오면체, 육면체…라고 부른다. 구의 연결 상태가 같은 다면체에서 꼭지점의 개수를 v, 모서리의 개수를 e, 면의 개수를 f라고 하면, 항상

$$v-e+f=2$$

가 성립하는데, 이 관계식을 오일러의 공식이라고 한다.

예를 들어, 육면체의 경우에는 $8-12+6=2$가 사면체는 $4-6+4=2$가 된다.

이 공식의 이름은 스위스의 수학자 레온하르트 오일러란 사람의 이름에서 따온 것인데, 정다면체의 수가 다섯 개밖에는 없다

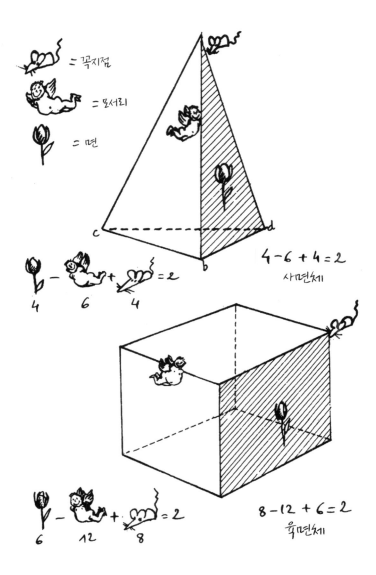

= 꼭지점

= 모서리

= 면

$$4 - 6 + 4 = 2$$

사면체

4 − 6 + 4 = 2

$$8 - 12 + 6 = 2$$

육면체

6 − 12 + 8 = 2

는 것을 증명하는 데 쓰이기도 했다. 여러분도 정사면체, 정육면체 말고 또 어떤 정다면체가 있는지 한번 찾아보기 바란다.

36

구의 표면적은 $4\pi r^2$

한 소녀가 종이로 된 지구본을 선물로 받았다. 소녀는 선물이 마음에 쏙 들어서 매일 들여다보면서 지리 공부를 했다. 그런데 어쩐 일인지 날이 갈수록 점점 재미가 없어졌다. 그러던 어느 날 소녀는 지구본을 수천 개의 조각으로 오려서 퍼즐 놀이를 하면 재미있겠다는 생각이 불현듯 들었다. 그래서 가위를 들고 지구본을 오렸다. 그리고 지구본이 담겨 있던 원통형 포장 상자를 풀어 그 안쪽에다 지구본 조각들을 붙이기 시작했다. 소녀는 지구본이 그 포장 상자 안에 들어가 있었으니까 조각들을 모두 다 붙인 후에도 남는 부분이 있을 것이라고 생각했다.

하지만 조각들을 다 붙이고 난 소녀는 깜짝 놀랐다. 왜냐하면 남는 부분이 하나도 없었기 때문이다. 소녀는 왜 그런지 곰곰이 생각해보았다. 그러고는 마침내 원통형 상자를 펼친 면의 넓이와 지구본의 겉넓이가 같다는 사실을 알게 되었다. 소녀는 자기가

발견한 것을 기하학적으로 설명해보기로 했다.

소녀는 원통형 상자의 높이는 지구본의 반지름 r의 두 배이고 그 바닥면의 원은 둘레의 길이가 $2\pi r$이므로, 원통형 상자를 펼친 면의 면적 즉 지구본의 표면적(겉넓이)은,

$$S = 2r \times 2\pi r$$

$$S = 4\pi r^2$$

이라는 것을 알아냈다.

소녀는 이번에는 지구의 진짜 표면적을 알아보고 싶어졌다. 그래서 지리책을 찾아보았는데 책에는 지구의 반지름밖에는 나와 있지 않았다. 하지만 소녀에게는 아무런 문제도 되지 않았다. 왜냐하면 방금 전에 발견한 공식을 이용하면 되었기 때문이다. 책에는 지구의 반지름이 약 6,400킬로미터라고 나와 있었다. 따라서 지구의 표면적은

$$S \fallingdotseq 4 \times 3.14159 \times (6400)^2 \, km^2$$

$$\fallingdotseq 5억 1500만 \, km^2$$

이다.

호기심 많은 소녀가 알아낸 것 중에는 이런 내용도 있었다.

"한국의 면적은 약 22만 km^2으로 지구 전체 표면적의 0.043%에 불과하다."

37

구의 부피는 $\frac{4}{3}\pi r^3$

우리는 10장에서 아르키메데스가 원의 넓이를 어떻게 계산해 냈는지 배웠다. 그는 원을 아주 잘게 잘라낸 후 그 조각들의 면적을 모두 더해 원의 넓이를 구했다. 고고학자들은 피라미드를 건설했던 고대 이집트인들이 이와 유사한 방법을 써서 구의 부피를 계산해낼 수 있었다는 사실을 알아냈다. 고고학자들이 발견해 낸 유물은 다음 그림에서처럼 바닥이 정사각형이고 꼭지점이 아주 날카로운 돌 피라미드 조각들이었는데 크기가 모두 똑같았다. 이집트인들은 그 피라미드 조각들을 모아다가 피라미드 조각들의 꼭지점이 중심에 오도록 짜맞추어서 공 모양을 만들었다. 이 때 각 피라미드의 부피는 바닥의 면적 s에 높이 r(＝구의 반지름) 을 곱해 3으로 나눈 값이다.

$$v = \frac{1}{3}(r \times s)$$

(피라미드 형태의 이런 다면체의 부피를 구하는 데 쓰인 위의 식을 증명하는 것은 그렇게 간단하지가 않다. 그러므로 여기서는 일단 증명 없이 그대로 받아들이기로 하자.)

우리가 만약 아르키메데스처럼 이 작은 피라미드들의 부피를 모두 더할 수만 있다면, 전체 구의 부피 V도 구할 수 있을 것이다. 이때 피라미드의 부피를 모두 더한 값은, 피라미드의 바닥 면적 s를 모두 더한 값에다 $\frac{r}{3}$을 곱한 값이다. 그런데 여기서 피라미드의 바닥 면적 s를 모두 더한 값은 구의 표면적(겉넓이) S와 같다. 따라서 V는 다음과 같이 계산할 수 있다.

$$V = \frac{r}{3} \times S = \frac{r}{3} \times 4\pi r^2$$

$$V = \frac{4}{3}\pi r^3$$

38

정사면체의 중심각은 109°28′

우리가 이 책에서 만났던 슈퍼스타급 수들 가운데 π는 i나 e 같은 수와는 달리 아주 오랜 고대인들에게도 알려져 있었다. 그런데 π, i, e보다는 덜 알려져 있지만 스타급에 해당하는 또 하나의 수가 다이아몬드 한가운데 숨어 있다.

다이아몬드는 정사면체의 각 꼭지점과 무게 중심에 탄소 원자들이 하나씩 규칙적으로 배열되어 있는 구조로 되어 있다. 각각의 꼭지점을 C_1, C_2, C_3, C_4라고 하고, 그 무게 중심을 G라고 하자. 그러면 C_1GC_3, C_1GC_2 등의 각은 모두 같고, 코사인의 값은 $-\dfrac{1}{3}$이다.

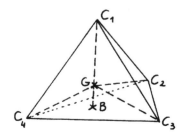

왜냐하면 직선 C_1G가 면 $C_2C_3C_4$와 만나는 점을 B라고 하면, 선분 GB의 길이는 선분 C_1G의 $\frac{1}{3}$이 되기 때문이다. 그리고 코사인 값이 $-\frac{1}{3}$이면, 그 각은 약 $109°$ $28'$이다.

39

쾨니히스베르크의 다리

18세기 동프로이센의 쾨니히스베르크에는 다리가 일곱 개 있었다. 이 도시의 시민들 중에는 프레겔 강을 가로지르는 일곱 개의 다리를 산책하며 해가 지는 광경을 감상하는 것을 낙으로 여기는 사람들이 많이 있었다. 그러던 중에 꽤 난해한 문제 하나가 시민들 사이에 화제로 떠올랐다. 그것은 한번 건넌 다리를 다시 건너는 일 없이 일곱 개의 다리를 모두 건널 수 있느냐는 것이었다. 사람들은 이제 아름다운 일몰 풍경을 감상하는 대신 그 문제를 골똘히 생각하면서 다리를 반복해서 걷기 시작했다. 그렇지만 아무도 그 방법을 찾아내지 못했다.

그러다 드디어 스위스의 유명한 수학자 오일러에 의해서 그것이 불가능하다는 것이 밝혀졌다. 그는 문제를 좀더 쉽게 이해하기 위해 다음과 같은 그림(150쪽)을 그렸다. 그림에서 점 A, B, C, D는 네 부분의 육지를, 그리고 그 점들을 잇는 선들은 다리를 나

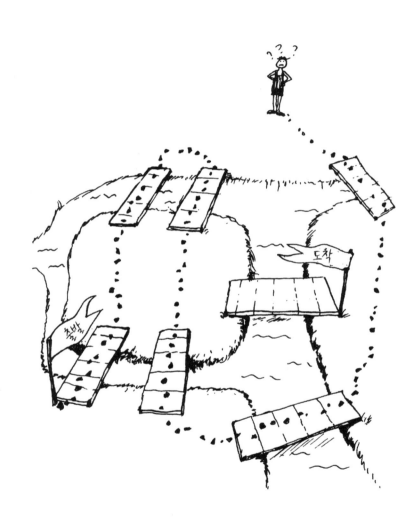

타낸다.

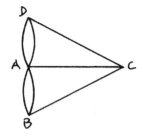

　오일러는 다리를 건너는 문제가 연필을 떼지 않고 같은 선을 두 번 지나지 않으면서 이 그림을 그리는 것과 같다는 것을 알아 냈다. 연결된 선의 개수가 짝수인 점을 짝수점, 홀수 개인 점을 홀수점이라고 하는데, 그는 홀수점이 하나도 없거나 두 개인 경우에만 답이 나올 수 있다는 것을 증명해냈다. 그런데 쾨니히스베르크의 다리의 경우에는 A, B, C, D가 모두 홀수점이고 따라서 홀수점의 수가 넷이기 때문에 한 번 건넌 다리를 다시 건너는 일 없이 모든 다리를 건너는 것은 불가능하다.

　그렇지만 지금은 튼튼한 발과 넉넉한 시간만 있으면, 프레겔 강을 가로지르는 다리를 모두 건너는 일이 가능하다. 쾨니히스베르크가 2차대전 중에 소련에 합병되어 칼리닌그라드로 이름이 바뀐 후, 여덟 번째 다리가 새로 건설되었기 때문이다.

　한편 이 문제처럼 어떤 선도 두 번 이상 지나는 일이 없도록 하면서 연필을 한 번도 떼지 않고 도형을 그리는 것을 '한붓 그리기'라고 한다.

정수와 소수

40

라그랑주의 정리

언젠가 '제곱 양탄자'라는 사건이 신문에 크게 보도된 적이 있었다. 사건의 전말은 이렇다. 화성의 양탄자 제조업자들이 변의 길이가 정수인 정사각형인 양탄자만을 만들겠다고 결정하면서 이 사건은 시작되었다. 그러자 그것을 수입해다 파는 지구의 양탄자 판매상들이 들고 일어났다. 고객이 16제곱미터의 양탄자를 원할 때는 별문제가 없었지만, 20제곱미터짜리를 원하면 곤란한 일이 생겼기 때문이다. 그로 인해 판매고가 급격히 떨어지자, 결국 화성의 제조업자들과 지구의 판매상들 사이에 심각한 싸움이 벌어졌고, 좀처럼 해결될 기미가 보이지 않았다. 지구의 판매상들 가운데는 아예 앞으로는 양탄자를 화성보다 훨씬 먼 목성에서 수입하겠다는 이들도 생겨났다. 소동이 점점 더 커져가자 지구와 화성의 지도자들이 모여 해결책을 내놓았다. 그들은 18세기의 수학자 조제프 루이 라그랑주가 발견했던 것을 되살려냈다. 라그랑

$$\boxed{1}\boxed{2}\boxed{3}\boxed{4}\boxed{5}\boxed{6}\boxed{7}\boxed{8}\boxed{9}\boxed{10}\boxed{11}\boxed{12} = \boxed{\begin{matrix}1&2&3\\4&5&6\\7&8&9\end{matrix}} + \boxed{10} + \boxed{11} + \boxed{12}$$

$$\boxed{1}\boxed{2}\boxed{3}\boxed{4}\boxed{5}\boxed{6}\boxed{7}\boxed{8}\boxed{9}\boxed{10}\boxed{11}\boxed{12}\boxed{13}\boxed{14} = \boxed{\begin{matrix}1&2&3\\4&5&6\\7&8&9\end{matrix}} + \boxed{\begin{matrix}10&11\\12&13\end{matrix}} + \boxed{14}$$

주는 모두 자연수는 4개를 넘지 않는 제곱수의 합으로 나타낼 수 있다고 주장했었다. 위 그림을 보면 쉽게 이해가 갈 것이다.

그들은 앞으로 고객이 특정한 넓이의 양탄자를 구매하길 원할 경우 판매상은 고객이 원하는 넓이에 맞춰 4개 이하의 양탄자로 나눠 팔 수 있으며 고객은 그것에 이의를 제기할 수 없다는 법을 만들었다. 사실 이것은 해결책이 아니라 화성의 제조업자들에게 일방적인 승리를 안기는 것이나 마찬가지였다. 하지만 화성에서 만드는 양탄자가 워낙 값도 싸고 품질도 좋았기 때문에 지구의 판매상들은 울며 겨자 먹기 식으로 이 제안을 받아들일 수밖에 없었다.

아무튼 이 문제와 관련된 예 하나를 더 들어보기로 하자.

$$97 = 64 + 25 + 4 + 4 = 8^2 + 5^2 + 2^2 + 2^2$$
$$= 81 + 16 = 9^2 + 4^2$$

앞에서처럼 97을 제곱수들의 합으로 분해하는 데는 두 가지 방식이 있다. 그러나 앞의 그림에서 보는 것처럼 안경을 쓴 사람의 방법이 더 경제적이다.

41

페르마의 마지막 정리

우리는 40장에서 제곱 양탄자 사건의 전말에 대해 알아보았다. 그 사건 이후 사람들은 제곱수에 폭발적인 관심을 보이게 되었다고 한다. 사람들은 어떤 수들은 두 개의 제곱수의 합으로 분해될 수 있다는 것을 금방 알아차렸다.

예를 들어,

$$25 = 16 + 9$$

그리고

$$169 = 144 + 25$$

17세기 사람들도 이와 비슷한 것을 알고 있었는데, 당시 프랑스의 수학자 피에르 드 페르마도 제곱 양탄자의 삼차원판 문제를 만들어낸 적이 있었다. 모서리의 길이가 정수인 정육면체를 마찬가지로 모서리의 길이가 정수인 다른 두 개의 정육면체로 분해할

제곱의 경우에는 저울의 균형을 맞출 수 있다.

아쉽지만, 세제곱의 경우에는 저울의 균형을 결코 맞출 수 없다.

수 있을까? 이 질문을 다른 말로 하면,

$$x^3 = y^3 + z^3$$

을 만족시키는 정수 x, y, z가 있겠느냐는 것이다.

　정사각형에서와는 달리 이러한 정육면체는 존재하지 않는다. 예를 들어 $8 = 2^3$이나 $27 = 3^3$은 정수의 세제곱 두 개의 합으로 결코 나타낼 수 없다. 따라서 앞의 그림 속 소녀는 저울의 균형을 결코 맞출 수 없다.

　뛰어난 수학자였던 페르마는 이러한 결과를 바탕으로 훌륭한 정리 하나를 내놓았다.

　n이 2보다 큰 자연수일 때,

$$x^n = y^n + z^n$$

을 만족시키는 자연수 x, y, z는 결코 존재하지 않는다.

　그는 한 책의 여백에 '나는 진실로 굉장한 증명을 발견했지만, 이 증명을 쓰기에는 여백이 부족하다'라고 썼다고 한다. 그러나 그 후로 어느 누구도 페르마가 주장한 정리를 증명해내지 못했다. 그러다 1993년 앤드루 와일스라는 영국의 수학자가 페르마의 이 마지막 정리를 증명해내는 데 성공했다. 그가 내놓은 증명은 엄청난 분량이었다. 정말로 책의 여백에 적기에는 그 양이 너무 많았다.

42

소수

스포츠 사진 기자들은 럭비팀의 사진을 찍을 때는 그렇지 않은데, 축구팀의 사진을 찍을 때면 항상 못마땅해하곤 했다. 그들은 축구팀의 사진을 신문사로 전송할 때마다 스포츠면 편집자에게 괜히 툴툴거렸다. 영문을 모르는 편집자는 사진 기자들이 왜 그러는지 알아보기로 했고, 답은 엉뚱한 곳에서 나왔다.

한 사진기자는 이렇게 말했다.

"그건 말이에요. 종목이 축구냐 럭비냐 하는 것하고는 상관이 없는 일이에요. 럭비 선수는 모두 15명이고 그래서 팀 사진을 찍을 때 다섯 명씩 세 줄로 선수들을 세우고 나서 사진을 찍으면 되거든요. 그런데 축구는 그렇지가 않아요. 축구팀은 열한 명이기 때문에 똑같은 수로 줄을 세우고 사진을 찍을 수가 없거든요. 그래서 축구팀을 찍은 사진은 늘상 균형이 안 맞아 보이고 그래서 짜증을 내는 걸 거예요."

마침 옆에 있던 한 수학자가 그 말에 일리가 있다며 거들었다.

"사실 15라는 숫자는 더 작은 정수들로 분해될 수 있답니다. 15＝5×3, 이렇게 말이에요. 하지만 11이란 숫자는 그렇게 할 수가 없어요. 11처럼 1과 그 자신만을 약수로 갖는 1이 아닌 자연수를 우리 수학자들은 소수라고 부릅니다."

그는 처음 10개의 소수는 2, 3, 5, 7, 11, 13, 17, 19, 23, 29라고 덧붙였다. 2를 제외한 모든 소수는 홀수이다. 그렇지만 홀수라고 해서 모두 소수인 것은 아니다. 예를 들어 9＝3×3, 15＝5×3, 35＝5×7, …이기 때문에 소수가 아니다.

편집자가 그럼 사진 기자들의 마음을 어떻게 하면 좀 달랠 수 있느냐고 묻자, 수학자는 아주 인정머리 없는 답을 내놓았다.

"골키퍼를 빼고 찍으면 되겠죠."

그래서 결국 우리의 편집자는 지금도 축구팀 사진을 전송받을 때마다 사진 기자들이 툴툴거리는 것을 그대로 받아주고 있다고 한다.

43

골드바흐의 추측

이 책에서 우리는 많은 수학 공식들을 만났다. 그리고 그 공식들을 발견하게 된 동기들도 아주 다양하다는 것을 알았다. 특히 정수와 관련된 이론들 중에는 더 많은 것을 알고 싶어 하는 학자들의 단순한 호기심이 가장 큰 동기일 때가 많다.

지금부터 설명하려는 것도 그런 경우에 가까운데, 러시아에서 살았던 독일의 수학자 크리스티안 골드바흐가 주장한 것이다.

$$4=2+2, \ 6=3+3, \ 8=5+3, \ 10=7+3, \ 12=7+5,$$
$$14=7+7=3+11, \ 16=11+5=3+13,$$
$$18=11+7=13+5, \ 20=13+7=17+3$$

위에서 보이는 것처럼 4에서 20까지의 모든 짝수는 두 소수의 합으로 나타낼 수 있다. 그는 '그렇다면 이것이 모든 짝수 자연수에 다 해당하는 것일까?'라고 스스로에게 질문했다.

여러분들도 한번 도전해보기 바란다. 임의의 짝수 N을 뽑으면, N은 언제든지 소수 a, b의 합으로 나타낼 수 있다. 안타깝게도 아직 이것을 수학적으로 증명하는 데 성공한 사람은 아무도 없다. 그래서 골드바흐가 한 주장은 이론이 아니라 '추측'으로 불린다. 컴퓨터를 이용하면 102424도 두 개의 소수로 나타낼 수 있고 심지어는 5023456798도 두 개의 소수로 나타낼 수 있을 것이다. 하지만 컴퓨터를 수십억 번 돌린다고 해서 모든 수가 다 그렇다는 것이 증명되는 것은 아니다. 아주 먼 훗날 두 개의 소수의 합으로 나타낼 수 없는 수가 나올지 아무도 모른다.

44

소수 정리

소수가 순서대로 나열된 표를 보면, 수들의 배열이 매우 불규칙하다는 것을 알 수 있다. 예를 들어 90, 91, 92, 93, 94, 95, 96처럼 소수가 아닌 수들이 길게 이어지는 경우도 있고 97, 101, 103처럼 소수들 사이의 간격이 아주 짧은 경우도 있다. 수학자들은 왜 소수들이 이렇게 불규칙하게 배열되는가를 설명하는 단순명쾌한 정리를 아직 발견하지 못했다.

그러나 19세기 끝무렵에 그들은 다음과 같은 중요한 결론에 도달했다. "n번째 소수의 정확한 값을 나타내는 일반식을 알아내는 것은 불가능하지만, 큰 소수들의 순서를 대강 정하는 것은 가능하다. n이 점점 더 커지면, n번째 소수는 $n \log n$에 점점 더 가까워져 간다.

예를 들어, $n = 100$ 즉 100번째 소수는 541인데, $100 \log 100$의 값은 약 460.517이다. 따라서 정확한 값과 근사치 사이에는 약 81

의 차이가 나며, 이때의 상대적 오차는 $\frac{81}{541} \fallingdotseq 15\%$이다.

그러나 만약 $n=1000$ 즉 1000번째 소수는 7919이고, 이때의 근삿값은 6907.75이다. 따라서 이 경우의 오차는 $\frac{1011}{7919} \fallingdotseq 12.8\%$ 에 불과하다. '소수 정리'라고 불리는 정리의 증명은 매우 어렵다. 그렇지만 우리는 앞의 예들을 통해서 n이 점점 더 커질수록 상대적인 오차가 점점 더 0에 가까워져 간다는 것을 알 수 있다.

n번째 소수 $\fallingdotseq n \log n$ (n은 충분히 크다)

확률

45

복권에 당첨될 확률

    캐나다 퀘벡주와 유럽에서 큰 인기를 끌고 있는 복권 가운데 6/49라는 복권이 있다. 이 복권은 이름 그대로 49개의 숫자 중에서 마음에 드는 6개의 숫자를 골라 적어내는 복권이다. 6개의 숫자를 순서에 관계없이 모두 맞힌 사람이 1등으로 당첨되는데, 상금이 어마어마하다. 하지만 49개의 숫자 가운데 여섯 숫자를 선택하는 방법은 생각보다 훨씬 많고 따라서 1등 당첨의 행운을 누릴 확률은 너무나 적다. 그러면 1등에 당첨되어 거액의 상금을 받을 확률은 정확히 얼마나 될까?

    이 문제를 좀더 쉽게 풀기 위해 우선 2/5 복권을 한번 생각해보자. 이 복권은 5개의 숫자 중에 두 개를 선택하는 복권이다. 복권을 산 사람이 선택할 수 있는 경우의 수는 다음과 같이 모두 10가지이다.

(1, 2) (1, 3) (1, 4) (1, 5) (2, 3) (2, 4) (2, 5) (3, 4) (3, 5) (4, 5)

첫 번째로 선택할 수 있는 숫자는 1에서 5까지 다섯 가지 경우가 있다. 그다음 두 번째로 선택할 수 있는 숫자는 첫 번째로 선택한 숫자를 제외한 나머지 4가지이다. 따라서 5×4＝20, 스무 가지가 된다. 그러나 이 복권에서는 순서가 중요하지 않으므로 (1, 2)와 (2, 1)은 같은 것이 된다. 따라서 복권의 숫자를 선택할 수 있는 경우의 수는 $\frac{20}{2}$＝10이 된다.

이제 실제의 복권인 6/49 복권의 경우를 알아보기로 하자. 이 복권에서 숫자를 고를 수 있는 방법의 수는

$$N = \frac{49 \times 48 \times 47 \times 46 \times 45 \times 44}{6 \times 5 \times 4 \times 3 \times 2 \times 1}$$

즉, N＝13983816이다. (여기서 분자는 2/5 복권의 5×4를, 분모는 2×1에 해당한다.)

맞은편 그림의 주인공은 2/5 복권을 하나만 빼고 모두 산 모양이다. 하지만 6/49의 복권을 모두 다 사는 것은 불가능하다. 복권을 전부 살 만큼 어마어마한 돈을 가진 사람은 없을 테니까.

6/49 복권을 한 장 산 사람이 실제로 1등에 당첨될 확률 P는 $\frac{1}{13983816}$ 즉, P≒0.000000072(1억 분의 7)에 불과하다. 이것이 복권에서 거액의 상금에 당첨되는 일이 그렇게 어려운 까닭이다.

46

100전 100승의 전략

내기나 도박에서 100퍼센트 이길 수 있는 방법만 있다면! 있다. 그것은 '갑절로 걸기'라는 방법인데 프랑스의 수학자 달랑베르가 생각해낸 것이다. 여러분에게만 살짝 그 비법을 알려주겠다. 혹시 룰렛 게임이라는 것을 아는지 모르겠다. 아마 외국 영화에서 몇 번쯤 보았을 텐데 그 게임을 예로 들어 설명하겠다.

여러분은 먼저 빨강 칸에다 1달러짜리 칩을 올려놓으면 된다. 만약 빨강 칸에 구슬이 멈추면 여러분은 1달러에 대한 배당금으로 2달러를 받을 수 있다. 그리고 여기서 게임을 멈추면 1달러를 번 셈이 된다. 그러면 더이상 욕심을 부리고 말고 여기서 게임을 멈춘다. 그런데 만약 검정 칸에 구슬이 멈추면 다시 빨강 칸에다 2달러를 걸면 되고 여기서 이기면 처음에 건 1달러와 나중에 건 2달러를 합쳐서 모두 3달러를 걸어 4달러를 받게 되니 이번에도 1달러를 번 셈이 된다. 그런데 이번에도 게임에 졌다면 이제는 4

달러를 걸면 된다. 그리고 이번에 빨강 칸에 구슬이 멈추면 여러분은 7(1＋2＋4)달러를 걸어서 8달러를 받게 되니 이번에도 1달러를 버는 셈이 된다. 만약 계속해서 지게 된다면 그때마다 똑같은 전략을 쓰면 된다. 빨강 칸에다 계속해서 두 배로 돈을 거는 것이다. 그러면 언젠가는 빨강이 한 번쯤은 나오고 그러면 노력한 결과가 나올 것이기 때문이다.

그러나 이 전략에도 문제점은 있다. 만약 여러분이 1,000달러를 벌고 싶다면, 노름에 거는 돈이 3,000달러, 7,000달러, 15,000달러, …로 계속 늘어난다는 것이다. 물론 게임만 계속할 수 있다면* 돈을 버는 것은 시간 문제일 것이다. 그러나 여러분에게 그렇게 큰 돈이 없다면 결정적인 순간에 게임을 포기해야 한다. 계속해서 검정이 나오다가 이번에는 빨강이 나올 차례인데, 운 나쁘게도 막상 가진 돈이 다 떨어져버리는 일이 생길 수도 있다. 그래도 미련이 남는다면 계속해서 돈을 더 많이 걸면 된다. 아무튼 달랑베르의 이 전략은 100전 100승의 전략이니까, 미련이 생길 만도 하다. 하지만 여러분이 빌 게이츠처럼 어마어마한 갑부가 아니라면 큰 돈을 벌 생각은 꿈도 꾸지 않는 것이 좋다.

---

* 도박에 사용할 수 있는 돈이 2^n-1달러인 사람은 검정이 연속해서 n번 나오면 어쩔 수 없이 파산하고 만다.

47

파스칼의 삼각형

　우리는 이 책 45장에서 5개의 숫자 가운데 2개의 숫자를 선택하는 데 10가지 방법이 있다는 것을 배웠다. 한편 5개의 숫자 가운데 1개, 3개, 4개, 5개의 숫자를 선택하는 방법은 각각 5, 10, 5, 1가지의 방법이 있다. 여러분 가운데 영리한 사람은 5개 가운데 2개를 고르는 것과 5개 가운데 3개를 남겨두는 것이 서로 같은 일이라는 것을 이미 알아차렸을 것이다. 그러니까 5개 가운데 2개를 선택하는 방법의 가지수가 10개라면, 3개를 골라내는 방법의 수 역시 10가지라는 것은 당연한 일이다.

　서로 다른 n개에서 r개를 선택하는 방법의 수를 묻는 문제들을 해결하는 데 유용한 풀이법으로는 '파스칼의 삼각형'이라는 것도 있다. 먼저 삼각형의 맨 꼭대기에 숫자 1을 쓴다. 그리고 그 아랫줄에는 1을 두 개 쓴다. 그다음 줄에는 윗줄의 양옆에 있는 수의 합을 써나간다. 단 줄의 양쪽 끝에는 항상 1이 온다. 그러므로 세 번째 줄에는 1, 2(=1+1), 1이 그리고 네 번째 줄에는 1, 3(=1+2), 3(=2+1), 1이 온다. 이러한 방식으로 계속 삼각형을 만들어나가면 6번째 줄은 1, 5, 10, 10, 5, 1이 된다.

이 삼각형이 중요한 이유는 n번째 줄의 숫자들을 이용하면 $(a+b)^{n-1}$의 공식을 쉽게 알아낼 수 있다는 점이다.

$$(a+b)^2 = 1a^2 + 2ab + 1b^2$$
$$= a^2 + 2ab + b^2 \text{ (6장 참조)}$$
$$(a+b)^3 = 1a^3 + 3a^2b + 3ab^2 + 1b^3$$
$$= a^3 + 3a^2b + 3ab^2 + b^3$$
$$(a+b)^4 = 1a^4 + 4a^3b + 6a^2b^2 + 4ab^3 + 1b^4$$
$$= a^4 + 4a^3b + 6a^2b^2 + 4ab^3 + b^4$$
$$(a+b)^5 = 1a^5 + 5a^4b + 10a^3b^2 + 10a^2b^3 + 5ab^4 + 1b^5$$
$$= a^5 + 5a^4b + 10a^3b^2 + 10a^2b^3 + 5ab^4 + b^5$$

파스칼의 부활절 바구니

이진법,
무한

48

이진법 : 1+1=10

우리는 어렸을 때부터 '십진법'을 사용해서 숫자를 계산해왔기 때문에 그것을 아주 자연스럽게 생각하고 있다. 그러나 십진법은 그렇게 실용적인 방법이 아니다. 예를 들어 십진법을 써서 곱셈을 계산하려면 1단에서 9단까지 81개나 되는 구구단을 외워야만 한다. 많은 기억량을 요구하는 것이다. 그래서 컴퓨터는 십진법 대신 '이진법'이라는 계산 방식을 사용하도록 프로그래밍되어 있다. 2가 숫자 10을 대신하는 이 이진법에서는 기호로 0과 1만이 사용된다.

다음의 표는 이진법과 십진법에서 첫 열여섯 숫자를 나타내고 있다. 이 표를 보면 이진법에서 사용되는 숫자들이 어떻게 만들어지는지를 알 수 있을 것이다.

십진법	이진법	십진법	이진법
0	0	8	1000
1	1	9	1001
2	10	10	1010
3	11	11	1011
4	100	12	1100
5	101	13	1101
6	110	14	1110
7	111	15	1111

이러한 이진법을 사용하면 덧셈을 매우 간단하게 할 수 있다. 다음의 세 가지 규칙만 따르면 되기 때문이다.

$$
\begin{array}{cc}
0 \\
+0 \\
\hline
0
\end{array}
\quad
\begin{array}{cc}
0 \\
+1 \\
\hline
1
\end{array}
\quad \text{또는} \quad
\begin{array}{cc}
1 \\
+0 \\
\hline
1
\end{array}
\quad
\begin{array}{cc}
{}_1 1 \\
+\ 1 \\
\hline
10
\end{array}
$$

마지막에 나오는 계산에서 작은 글자로 쓰인 1은 1이 첫 번째 열에서 넘겨져왔다는 것을 뜻한다.

마지막 규칙에 따르면, 십진법에서 $1+1=2$로 계산되는 것이 이진법에서는 제목에 적힌 것처럼 $1+1=10$으로 계산되는 것을 알 수 있다.

또 다른 예로

$$
\begin{array}{r}
101 \\
+\ 110 \\
\hline
1011
\end{array}
$$

은 일반적인 덧셈에서는 5＋6＝11에 해당한다.

오늘날 컴퓨터의 계산법으로 이진법이 쓰이고 있는데, 사실 이진법을 처음으로 개발한 사람은 독일의 수학자 라이프니츠였다. 그러니 이진법은 역사가 아주 오래된 계산법인 셈이다. 1701년 2월 26일자의 한 편지에서 라이프니츠는 이렇게 썼다.

제가 개발한 완전히 새로운 숫자 체계를 동봉해 드립니다. 저는 숫자 10개를 기초로 하는 십진법 대신에 숫자 2개를 기초로 하는 이진법을 사용해 모든 숫자를 0과 1로 나타낼 수 있게 되었습니다. 이 방식에는 당장의 실용적인 이점만이 있는 것이 아닙니다. 저는 오히려 이 방식을 통해 앞으로 새로운 것들이 많이 발견되리라고 믿고 있습니다. … 이 방식을 사용하면 기존의 방식으로 얻기 힘든 새로운 정보를 많이 얻을 수 있을 것입니다.

지금 필자가 그의 편지글을 인용하는 데 사용하고 있는 컴퓨터 워드프로세서 기술에도 사실은 그가 희망했던 '새로운 발견'들이 이용되고 있다는 것을 그 당시의 라이프니츠는 상상조차 하지 못했을 것이다.

49

무한을 향하여

우리는 지금까지 드넓은 수학 세계 가운데 아주 일부의 영역을 탐험했다. 아쉽지만 탐험을 끝내야 할 시간이 온 것 같다. 이번 탐험에서 우리는 '더 많은 수를 계산할수록… 그 합은 점점 더 점점 더 1에 가까워져 간다', 'n이 점점 커질수록 그 수는 점점 작아진다'라는 표현을 자주 만났을 것이다.

$$\frac{1}{2} + \frac{1}{4} + \frac{1}{8} + \cdots = 1$$

은 첫 번째 표현의 한 예이다. 그런데 이러한 표현들의 배후에는 무한에 대한 생각이 숨어 있다.

다시 앞의 예에서 $\frac{1}{2}$, $\frac{1}{4}$, $\frac{1}{8}$, …을 '무한히' 더해 나가면 그 결과는 1이다. 물론 이런 식으로 무한히 수를 더해 나가는 것은 불가능하다. 왜냐하면 그것은 인간의 유한한 능력을 벗어나는 일이기 때문이다. 그러나 만약 영원히 살 수 있는 누군가가 있어서 그 일

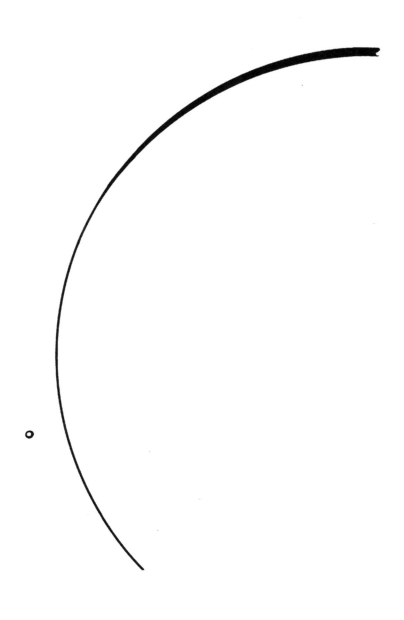

을 무한히 계속해나갈 수 있다고 하더라도 그는 여전히 '무한'에 도달하지 못한 채 지금도 어디선가 덧셈을 계속해나가고 있을 것이다.

그렇지만 수학자들은 이 무한이라는 어려운 관념을 놓고 아주 오랜 세월 동안 씨름을 해왔다. 그들은 무한 그 자체에는 도달할 수 없었지만, 무한을 좀더 쉽게 다룰 수 있는 방법을 알아내는 데는 어느 정도 성공을 거두었다. 그들은 무한을 수학적 개념의 하나로 만들었으며, 비록 무한을 완전히 이해하는 것이 불가능하기는 하지만, 무한이 수학이라는 마법의 땅에서 유효한 개념으로 쓰일 수 있음을 증명해냈다. 이제 무한은 더이상 우리를 곤혹스럽게 만드는 모순적인 개념만은 아니다. 오히려 무한은 아직도 조심스럽게 그리고 깊이 있게 다루어져야 할 개념이며, 우리의 삶을 풍요롭게 할 수 있는 발견을 가능케 하는 엄청난 보물 창고라고 할 수 있다.

| 덧붙이는 말 |

실존 인물이 등장하는 이야기들 가운데 일부는 역사적 사실과 다른 경우가 있다. 이 '덧붙이는 말'은 그 사실 관계를 정확히 하고자 쓰였다.

— 피타고라스의 정리를 증명하는 방법은 8장에 실린 것 말고도 다른 많은 방법이 있다. 우리가 제임스 가필드 대통령의 증명법을 선택한 이유는 그 방법이 매우 독창적이고 간단하기 때문이었다.

— 10장에 나오는 방법을 아르키메데스가 발견한 것은 사실이다. 그러나 마을 사람들이 다 먹을 수 있을 정도로 커다란 케이크는 우리가 가상으로 지어낸 것이다.

— 그리스의 수학자들은 이차방정식의 해를 구하는 공식(16장)을 알지는 못했지만, 이차방정식을 계산해낼 수는 있었다.

— 17세기 스코틀랜드의 존 네이피어 경에게 정원사가 있었다

는 것은 사실이다. 그러나 19~24장에 실린 이야기는 완전한 허구이다. 네이피어는 로그에 관해 연구했고 1614년에 로그값의 표를 만들어 발표했다. 한편 이 책에 실린 로그에 관한 설명 대부분은 뉴턴이나 오일러 등 후대 수학자들의 업적이다.

— 오일러, 디드로, 예카트리나 여제 사이의 대화는 실제로 있었던 일이다.

— 가우스가 $1+2+\cdots+99+100$을 계산하는 방법을 어린 시절에 발견했다는 사람들의 말이 확실한 것은 아니다. 그러나 적어도 나름의 '근거가 있는 일화'라고는 할 수 있다.

— 레오나르도 피보나치는 1202년 『계산판에 관한 책』에서 이 책에 실린 토끼 쌍의 계산법을 예를 들어 수열을 설명했다. 이 수열에는 나중에 그의 이름이 붙었다.

사각형과 삼각형의 면적을 계산한 농부(3장, 4장)와 포스터를 잘라 유명한 식을 알아낸 소년(6장, 7장)은 꾸며낸 이야기이기는 하지만 그와 똑같거나 유사한 일이 실제로도 있었을 것이다. 그러나 클로바쿠스 키다리쿠스(3장, 4장, 5장), 사인 교수와 코사인 교수(11장, 28장), 자전거 경주(14장), 이집트의 유물(37장)에 관한 이야기는 완전한 허구이다. 그리고 화성의 카펫 이야기(40장)와 사진 기자 이야기(42장) 역시 지어낸 이야기이다.

가필드 (James Garfield, 1831~1881)

미국의 제20대 대통령·아마추어 수학자. 남북전쟁에 북부군으로 참전한 후, 1876년 공화당의 당수가 되었다. 1880년 미국의 대통령으로 당선되었지만, 대통령에 취임한 지 넉 달이 겨우 지난 1881년 7월 한 기차역에서 암살당했다.

가우스(Carl Friedrich Gauss, 1777~1855)

독일의 수학자·물리학자. 당시 사람들이 그를 수학의 황제라고 부를 정도로 수학 전분야에 걸쳐 누구도 넘볼 수 없는 영향력을 발휘했다. 그의 천재성은 수학의 모든 분야에서 혁신적인 업적을 이루어냈다. 심지어 오늘날의 수학 교과서들도 다루는 분야가 무엇이든 모두 가우스라는 이름을 담고 있을 정도이다.

골드바흐(Christian Goldbach, 1690~1764)

독일의 수학자. '모든 자연수의 짝수는 두 소수의 합으로 나타낼 수 있다'는 가설(43장)로 유명하다. 이 가설은 러시아에 거주하던 그가 1742년 스위스의 수학자 오일러에게 보낸 편지에서 처음으로 세상에 모습을 드러냈지만, 오늘날까지도 증명되지 못한 채 여전히 정리가 아닌 골드바흐의 추측이란 이름으로 불리고 있다.

네이피어(John Napier, 1550~1617)

스코틀랜드의 수학자. 자연로그의 개념을 처음으로 고안해냈으며, 1614년 자연로그값의 표를 만들어 발표했다. 후에 자연로그는 그의 이름을 따 네이피어 로그라고도 불렸다. 수학 이외에 흑마술에도 몰두했는데 그 때문에 이웃들은 그를 신비스럽고 무서운 사람으로 여겼다고 한다.

뉴턴(Isaac Newton, 1642~1727)

영국의 물리학자·수학자. 라이프니츠와 똑같은 시기에 미적분을 발견했으며, 근대 해석학의 창시자였다. 사과나무에서 사과가 떨어지는 것을 보고 만유인력의 법칙을 생각해냈다는 일화로 유명하다. 그의 역학은 빛의 속도보다 느린 운동에 적용된다. (빛의 속도보다 빠른 운동에는 아인슈타인의 상대성 원리가 적용된다.)

달랑베르(Jean Le Rond d'Alembert, 1713~1783)

프랑스의 철학자·수학자. 『백과전서』의 과학 분야 편집에 참여했으며, 해석학과 역학 분야에서 뛰어난 업적을 남겼다. 계수가 복소수인 모든 대수방정식은 적어도 하나의 복소수 해를 갖는다는 대수학의 기본 정리를 내놓은 것으로 유명하다.

라그랑주(Joseph Louis Lagrange, 1736~1813)

이탈리아 출신의 프랑스 수학자. 정수론과 해석학에 크게 기여했다. '모든 자연수는 4개를 넘지 않는 제곱수의 합으로 나타낼 수 있다'는 정리(40장)를 내놓았다. 베를린 아카데미 소속 수학자, 에콜 폴리테크니크의 수학 교수 생활을 했으며, 도량형 개혁 위원회에서 일하기도 했다.

라이프니츠(Gottfried Wilhelm Leibniz, 1646~1716)

독일의 수학자. 수학자 뉴턴과 똑같은 시기에 미적분(25장)을 개발했으며, 적분의 계산에서 오늘날까지도 사용되고 있는 $\int$ 등의 수학 기호들을 고안해냈다. 이진법(48장)의 사용을 처음으로 제안한 학자로도 유명하다. '모나드'라는 개념을 사용한 낙관적 세계관을 내놓아 많은 논쟁을 야기했다.

아르키메데스(Archimedes, 기원전 287~기원전 212)

기원전 3세기 무렵 시라쿠스에 살던 그리스의 수학자 · 물리학자 · 발명가. 이 책의 10장에 나오는 계산법을 발견했으며, 부력의 원리를 발견해 배가 뜨는 원리를 설명하기도 했다. 시라쿠사가 로마인들에게 포위 공격을 당했을 때, 다수의 전쟁용 기계들을 발명해 방어에 큰 공을 세웠다. 그러나 끝내 시라쿠사가 함락당한 후 그도 로마인에게 살해되었다.

오일러(Leonhard Euler, 1707~1783)

스위스의 수학자 · 물리학자. 수학의 거의 모든 분야에 걸쳐 뛰어난 업적을 남겼으며, 그 가운데 일부는 오늘날까지도 연구가 진행될 정도로 천재적인 재능을 발휘했다. 이 책에서는 오일러의 상수(21장), $e^{i\pi} = \cos\pi + i\sin\pi$(27장), 오일러의 공식(35장), 쾨니히스베르크의 다리 문제(39장) 등과 관련하여 그의 이름과 여러 번 마주쳤는데, 이것은 그의 학문의 폭을 잘 보여주고 있다. 20세기 첫 무렵에 그의 전집이 출간되었는데 거의 100권에 달할 정도로 그 분량이 방대했다.

제논(Zeno of Elea, 기원전 5세기)

엘레아 출신의 그리스 철학자. 운동은 불가능하다는 주장을 담은 역설들로 유명하다. 과녁을 향해 날아가는 화살에 관한 역설(32장)은 그 한 예이다. 아킬레우스가 결코 거북이를 따라잡을 수 없다는 것을 화살의 역설과 유사한 방식으로 '증명'해냈다. 무한이라는 관념에 대해 사고해보려는 첫 시도들 가운데 하나라고 할 수 있는 이러한 역설들은 수학자들이 좀더 난해한 개념들에 도전하는 데 큰 자극제가 되었다.

카르다노(Girolamo Cardano, 1501~1576)

이탈리아의 수학자·생리학자. 삼차방정식의 해법을 발견했다. 제곱하여 음수가 되는 수, 즉 '허수'(18장)에 관해 처음으로 언급했다. 발명, 의학, 천문학, 점성술에 관한 저서들을 남겼으며, 이단으로 몰려 투옥되기도 했다.

파스칼(Blaise Pascal, 1623~1662)

프랑스의 수학자·물리학자·종교철학자. 열여섯 살 때 계산기를 처음 발명한 것으로 유명하며, 확률론과 원뿔곡선론에 큰 공헌을 했다. 1654년 얀센주의로 개종한 후, 예수회의 공격을 받아 얀센주의를 방어하는 데 주력했다. 사후에 출간된 『명상록』에서 기독교의 교리를 증명하려고 시도했으며, 종교적 삶이야말로 영원한 행복으로 이르는 길이라고 주장했다.

페르마(Pierre de Fermat, 1601~1665)

프랑스의 수학자. 근대 정수론의 창시자라고도 불린다. 데카르트와 함께 17세기 전반기 수학을 이끈 사람으로 평가받는다. 그의 '마지막 정리'(41장)는 1990년대 와서야 겨우 증명되었다.

피보나치(Leonardo Fibonacci, 1175?~1240?)

이탈리아의 수학자. 피보나치 수열(30장)을 고안해냈으며, 1202년 『계산판에 관한 책』을 써서 아라비아와 인도의 수학을 서양에 소개했다. 이 책에는 아라비아 숫자와 0에 관한 설명이 포함되어 있었다.

피타고라스(Pythagoras, 기원전 6세기)

그리스의 수학자. 피타고라스의 정리(8장)로 유명하지만, 실제로 그가 이것을 처음으로 발견한 것은 아니다. 그보다 훨씬 이전부터 바빌로니아의 기하학자들은 이 정리를 잘 알고 있었다. 그러나 내각의 합(5장)을 비롯해 삼각형과 관련된 여러 가지 규칙들을 확립한 사람이 그였던 것은 확실해 보인다.

세상에서 가장 아름다운 수학 공식

1판 1쇄 펴냄 2000년 4월 14일
2판 1쇄 펴냄 2012년 2월 15일
3판 1쇄 펴냄 2024년 4월 19일
3판 2쇄 펴냄 2024년 6월 20일

지은이 리오넬 살렘 · 프레데리크 테스타르
그린이 코랄리 살렘
옮긴이 장석봉

주간 김현숙 | **편집** 김주희, 이나연
디자인 이현정, 전미혜
마케팅 백국현(제작), 문윤기 | **관리** 오유나

펴낸곳 궁리출판 | **펴낸이** 이갑수

등록 1999년 3월 29일 제300-2004-162호
주소 10881 경기도 파주시 회동길 325-12
전화 031-955-9818 | **팩스** 031-955-9848
홈페이지 www.kungree.com
전자우편 kungree@kungree.com
페이스북 /kungreepress | **트위터** @kungreepress
인스타그램 /kungree_press

ⓒ 궁리출판, 2024.

ISBN 978-89-5820-881-5   03410